造型饅頭

新手也能做出超萌饅頭

作者—許毓仁　攝影—楊志雄

造型饅頭
新手也能做出超萌饅頭

作　　　者	許毓仁
步驟攝影	許毓仁
攝　　　影	楊志雄
編　　　輯	林憶欣
校　　　對	林憶欣、徐詩淵
封面設計	曹文甄
美術設計	曹文甄、黃珮瑜

發 行 人	程安琪
總 策 劃	程顯灝
總 編 輯	呂增娣
資深編輯	吳雅芳
編　　輯	藍匀廷、黃子瑜
美術主編	劉錦堂
行銷總監	呂增慧
資深行銷	吳孟蓉

發 行 部	侯莉莉
財 務 部	許麗娟、陳美齡
印　 務	許丁財
出 版 者	橘子文化事業有限公司

總 代 理	三友圖書有限公司
地　　址	106台北市安和路2段213號9樓
電　　話	(02) 2377-4155
傳　　真	(02) 2377-4355
E-mail	service@sanyau.com.tw
郵政劃撥	05844889 三友圖書有限公司

總 經 銷	大和書報圖書股份有限公司
地　　址	新北市新莊區五工五路2號
電　　話	(02) 8990-2588
傳　　真	(02) 2299-7900

製版印刷	卡樂彩色製版印刷有限公司
初　　版	2018年10月
二版一刷	2022年09月
定　　價	新臺幣450元
I S B N	978-986-364-131-5（平裝）

感謝特力集團提供 特力Artisan 系列
5QT(4.8L)抬頭式桌上型攪拌機使用

國家圖書館出版品預行編目 (CIP) 資料

造型饅頭 新手也能做出超萌饅頭 / 許毓仁作 .
-- 初版 . -- 臺北市：橘子文化 , 2018.10
　面；　公分
ISBN 978-986-364-131-5(平裝)

1.點心食譜 2.饅頭

427.16　　　　　　　　　107016991

SANYAU
http://www.ju-zi.com.tw
三友圖書
友直 友諒 友多聞

作者序

小饅頭帶我進入大世界

由於兒子是對雞蛋過敏無法食用麵包的體質，幾年前我開始鑽研自製材料單純、天然的饅頭，一開始是為了吸引孩子的目光，將饅頭製作成可愛的外觀，成功讓挑食的兒子開心吃下媽媽的手作心意。

很快的，我便深陷麵團的魔力中，非常享受做饅頭的時光，藉此抒發釋放日常生活的壓力。造型變化與創作更滿足我內心的那個小孩，呈現出我眼裡看到的世界，每一次成品出爐，總是讓我非常的雀躍與滿足。

逐漸地，我的作品受到越來越多人的關注與喜愛，接到許多教室的邀請，讓我有機會傳遞手作幸福的溫度，除了教大人們如何使用天然食材製作造型饅頭，也致力於推廣親子課程，讓孩子透過自己動手做的過程認識食材，親手揉捏、調色、組裝麵團做造型，不僅僅是烘焙，亦是黏土、色彩與美學的結合，進而學會愛惜食物。

這本書集結了我最喜愛的自創造型、收錄了各種製作祕訣小筆記，以及最受歡迎的課程內容和數百場教學中最常見的同學提問，希望能夠帶給大家一點小小的助益，同享手做饅頭的樂趣。

謝謝此時此刻正在閱讀這本書的你（妳），謝謝一路上鼓勵我的家人、朋友，謝謝每一位參與過課程的同學和教室的支持，謝謝橘子文化給予的肯定與協助……有太多的感激與感動。

今後我仍然會努力的學習，也會埋首在迷人的烘焙世界裡。

 目錄

Chapter

1

事前準備最重要

可愛饅頭哪裡來？

先從認識器材開始！

從工具介紹到調色、揉麵，

一步一步引你進門，

踏入繽紛的饅頭世界！

來認識器材吧！

「工欲善其事，必先利其器」，想要做好饅頭，我們該準備好那些工具呢？

❧ 揉麵工具 ❧

攪拌機

節省時間和力氣的好幫手，先用機器打麵團，再取出手揉整形，事半功倍。

麵包機

使用「麵團模式」攪打麵團，再取出手揉整形，能節省時間。

❧ 蒸製工具 ❧

蒸鍋

使用瓦斯爐蒸饅頭可以用蒸鍋、蒸籠，金屬蒸籠雖無保養的問題，但有滴水的風險，可用棉布包裹鍋蓋。防止滴水。

電鍋

一般家用電鍋可蒸饅頭，而且不需要調控火力，非常方便。

竹蒸籠

竹蒸籠蒸饅頭不會滴水且饅頭會有竹子的香氣，但竹製蒸籠需要保養，照顧較麻煩。

竹蒸籠保養方法

- **保養方式：**使用前先泡水 40 分鐘，再空蒸 20 分鐘。
- **保養次數：**每使用竹蒸籠 6 ～ 8 次須保養一次，否則竹蒸籠會裂開。
- **注意事項：**使用後必須放在陰涼處陰乾，不可曬太陽（會裂開），也不能用塑膠袋包起來（會發霉）。

造型工具

擀麵棍

能將麵團擀平、製作刈包時的必備工具。

切麵板

可快速裁出需要的方形麵皮與切斷麵團，方便後續造型。

圓（花）形切模

可快速裁出需要的圓形麵皮，翻面則可裁出花邊。

餅乾壓模

可快速裁出需要的麵皮形狀。

黏土雕塑工具組

塑形用，可在文具店購買，相當便宜，約台幣幾十元。

翻糖雕塑工具組

能協助細小部位的造型，在烘焙用品店購買（較貴，售價百元起跳）。

牙籤

隨手可得的居家物品，可以用於雕塑饅頭細部造型。

剪刀

可準備一把大剪刀與一把小剪刀，用於修剪多餘的麵皮以及當作小夾子使用。

其他工具

棉布

用來包裹蒸籠鍋蓋，防止滴水。

揉麵墊

揉麵團的時候，麵團與桌面接觸需要摩擦力，桌面本身太過光滑時則需要揉麵墊來增加摩擦力，若不鏽鋼或大理石桌面則可直接在桌上揉麵。

饅頭紙

主要用來墊在饅頭底部避免沾黏，可依饅頭大小選擇不同尺寸，一般 50～70g 重的造型饅頭通常使用邊長 10×10 公分的方形饅頭紙，可在烘焙用品店購買，也可用烘焙紙替代。

噴水瓶

造型饅頭各個部位需要用水做黏合，可使用噴水瓶噴水，建議到美妝用品店購買裝化妝水的噴水瓶，水珠較為細緻。

抹油刷

製作刈包時，需要將內側抹油，避免麵皮黏合。

計時器

用來控制打麵團和蒸製時間。

電子秤

製作造型饅頭酵母需要精準的秤重，細小造型秤重單位較小，建議使用能秤到 0.1 克的電子秤。

※ 市面販售的電子秤較難量出 0.5g 以下的麵團重量，因此本書中小於 0.5g 的麵團，將用綠豆、米粒、芝麻……等常見穀物做為大小參考，方便讀者進行麵團造型。（大小順序：黃豆＞綠豆＞米粒＞芝麻）

我該準備哪些食材？

想要做好一顆饅頭，該準備的食材有以下五項！

中筋麵粉

一般做饅頭、刈包都是使用中筋麵粉（或粉心粉），亦可用低筋麵粉與高筋麵粉各半混合製作。不同品牌的麵粉具有不同的吸水率，影響牛奶添加的多寡，建議製作麵團時先添加麵粉重量 55% 的鮮奶，若尚有乾粉無法結成團，再將鮮奶一滴一滴補進去，若麵團成團就不再加牛奶。

全脂鮮奶

使用全脂鮮奶香氣較重，注意鮮奶必須是冰的，避免麵團終溫過高，麵團溫度越高發酵速度越快，也會導致饅頭氣孔粗大組織粗糙，打（揉）好的麵團終溫控制在 28℃ 以下較佳。水分越高的麵團饅頭成品口感越為鬆軟，但水分多寡亦影響饅頭外觀的挺立度，愈軟的麵團蒸後愈坍塌。

酵母

本書使用速發酵母，直接加入麵團中使用即可，不需要事先溶解。若使用新鮮酵母，用量為速發酵母的 3 倍。 酵母開封過後必須密封起來冰冷藏保存，否則會失去活性導致饅頭發不起來。

白色細砂糖

增添饅頭的風味，同時也是酵母的養分。

油

使用家裡做菜的油即可，不需要購買特殊油品。

一起來做麵團吧！

準備好器材與食材後，下一步就是最重要的麵團了，先從最基礎的白麵團開始學起，接著進入調色步驟，再來就進入重要的造型課程囉！

饅頭基礎製作流程

Step1
麵團製作
（機器或手揉）

Step2
揉麵
（排氣泡或染色）

Step3
整型
（做造型）

Step4
發酵
（饅頭長大
1.5-2 倍）

Step5
蒸製

※ 整型的概念：1.體積大的先做 2.同樣的動作要一次性做完。假設要做 5 個元氣兔饅頭。順序為：滾出 5 個頭部的圓形⇨製作 5 雙耳朵、嘴、鼻、眼睛、裝飾品。

機器來幫你做麵團

投料順序：鮮奶 ⇨ 酵母 ⇨ 麵粉 ⇨ 砂糖 ⇨ 油

用攪拌機或麵包機來製作時，攪拌機使用低速打 10 分鐘，麵包機則以純攪拌的功能（勿進入加熱階段）打 10 分鐘。打好的麵團取出用手仔細揉、排氣泡，揉好的麵團需表面光滑，無白色顆粒，若看到白色顆粒感代表氣泡沒排乾淨，必須再用手揉壓麵團。

白麵團配方

食材	重量	百分比	備註
中筋麵粉	100g	100%	本書使用日本麵粉
速發酵母	1g	1%	夏天可減至 0.7%
全脂鮮奶	55 ～ 65g	55 ～ 65%	麵粉吸水率、麵粉新鮮度、空氣乾濕度都會影響鮮奶用量，每次製作麵團須以實際手感調整鮮奶多寡。
細砂糖	12g	12%	可依個人口味調整（建議 5 ～ 20% 之間）
油	1 ～ 2g	1 ～ 2%	
總計	約 170g		

※ 製作饅頭時可以烘焙百分比計算食材用量，即以麵粉的重量換算其他材料的重量比例，也就是固定將麵粉的重量設定為 100%，再依照其他材料占麵粉百分比的比率計算。

饅頭的基本功──白饅頭

份量：3 個

食材：中筋麵粉 100g、鮮奶 60±5g（依實際吸水率及手感調整）、酵母 1g、砂糖 12g、油 1g

※ 手揉麵團會比機器揉麵消耗更多的水分，因此可在揉麵過程中多準備 5～10g 的鮮奶，只要麵團變乾硬就隨時補充鮮奶。

手工揉麵團

先將麵粉、酵母、砂糖、鮮奶混和成團，再加入油。

像洗衣服一樣搓揉，一手壓住麵團下方，另一手將麵團推出，全程約 15～20 分鐘。（雙腳一前一後弓字步站立較省力）

麵團會愈揉愈柔軟光滑，揉到「三光」（雙手乾淨、麵團乾淨、麵盆或桌面乾淨）即可。

滾圓

麵團光滑面朝下，將麵團周圍收起略呈圓形。

將麵團翻轉（光滑面朝上），手掌大拇指與小拇指圍繞成圓（無需扣緊，只要形狀是圓形即可）。

麵團置於手圍繞的圓中間，手在桌上以同一方向畫大圈，劃圈的同時大拇指與小拇指輕輕往內收，將麵團底部收起，形成 1 個立體圓形，收好的圓形麵團表面光滑，不能有線或是縫隙。

麵團要在什麼時候染色？

這是一個在課堂中經常出現的問題。假設要做的饅頭主體都是粉紅色，例如元氣粉紅兔（P.26），紅麴粉在一開始即和麵粉一起投入攪拌機內攪打，做成整團的粉紅色麵團。

若饅頭需要各種顏色，可以先製作白色麵團，再從白色麵團取出需要染色的部分，分別加入色粉揉勻調色。做好的麵團放入保鮮盒或塑膠袋內蓋起來，以免水分流失麵團變乾硬，乾硬的麵團必須添加水份再次揉到柔軟才能使用，會浪費許多時間。

用新鮮食材染色

生活中有許多現成的新鮮食材可以用來調色，同時也可以幫饅頭增加不少風味，這裡舉兩個食材為例，讓我們學習調製好吃又好看的天然彩色麵團吧！

新鮮食材調色 4 大注意事項

| ① 注意水分的掌控
（食物泥本身含有水分） | ② 減少鮮奶用量
（從少量開始慢慢加） | ③ 注意麵團手感
（柔軟不黏手） | ④ 蒸熟後易褪色
（顏色較難掌控） |

用新鮮食材染色的同時，要注意麵團水分的掌控。新鮮食物泥本身含有水分，而且水分不一致，用食物泥染色時必須減少鮮奶用量，鮮奶從少量開始慢慢加入，控制麵團的水分與手感。此外若使用新鮮食物泥染色，饅頭蒸熟後的顏色多會褪色，較難掌控饅頭的顏色。

有哪些新鮮食材可以進行染色？

生活中有許多天然食材可以染出美麗的彩色麵團喔！以下列舉幾項食物：

| 芒果
（黃） | 胡蘿蔔
（黃） | 菠菜
（綠） | 紅龍果
（桃紅） | 紫薯
（紫） | 南瓜
（黃） | 芝麻
（灰） |

南瓜麵團的基礎配方

蒸好的南瓜塊

染色成功的南瓜麵團

食材	重量	百分比	備註
中筋麵粉	100g	100%	
速發酵母	1.2g	1.2%	
全脂鮮奶	36g	36%	依實際吸水率及手感調整
新鮮南瓜泥	24g	24%	南瓜去皮去籽蒸到軟爛，水瀝乾冰冷藏再使用。
細砂糖	12g	12%	
油	1～2g	1～2%	
總計	約175g		

芝麻麵團的基礎配方

新鮮芝麻粉

染色成功的芝麻麵團

食材	重量	百分比	備註
中筋麵粉	100g	100%	
速發酵母	1.2g	1.2%	
全脂鮮奶	60～65g	60～65%	依實際吸水率及手感調整
芝麻粉	10g	10%	
細砂糖	12g	12%	
油	1～2g	1～2%	
總計	約185g		

用天然色粉染色

學會用新鮮食材染色後，接下來讓我們認識目前市面上最常使用的天然色粉，這些色粉都是由天然食材製成，除了可以安心食用之外，顏色的掌控度也相對穩定許多。

常見天然色粉

本書所介紹的都是純天然食材乾燥後磨製的色粉，在食品材料行或是烘焙用品店都可以買得到，下列色粉是目前我的經驗中，成品較不會褪色的建議。

紅色	紅麴粉。有些紅麴粉顯色較慢，麵團揉勻後隔個 3 ～ 5 分鐘顏色會加重，也有遇到某些品牌的紅麴粉加到麵團中，剛揉好的時候是橘色，製作的過程中麵團的顏色才慢慢由橘轉紅。	
黃色	梔子花粉或南瓜粉，梔子花粉較顯色，鮮豔。	
綠色	抹茶粉。	
藍色	梔子花粉，顏色鮮豔，用量少	
紫色	紫薯粉，顆粒較粗，使用時可先以紫薯粉：鮮奶＝ 1：2 和勻，再揉入麵團中。	
咖啡色	可可粉。	
黑色	竹碳粉。	

※ 使用這些基礎顏色，可以調出更多心中所要的顏色！

原理就像水彩一樣

麵團調色和畫水彩調色原理相同！舉例來說，如果畫水彩時橘色顏料用光了，會使用紅色加黃色調成橘色。調製麵團顏色時，就是把顏料換成色粉就對了！

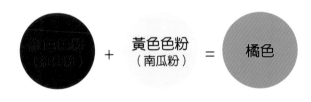

調色 3 步驟

準備白色麵團

色粉以少量多次的方式加入

適時補充水分

調色注意事項

1. 色粉少量多次慢慢加：

麵團染色必須由淺至深。例如粉紅色與正紅色都是使用紅麴粉調色，差別在於粉紅色用的紅麴粉較少。只要是同一個色系都可以用同一種色粉調色。染色的時候先加少量的色粉到白色麵團中，揉勻之後若覺得顏色不夠深，再加入色粉繼續揉，以眼睛看到的顏色為準，若不小心色粉加太多，可再加入白色麵團揉勻調淡顏色。

2. 適時補充鮮奶或水：

色粉若是加太多時，要補水分（鮮奶或是飲用水）來維持麵團的手感。有的時候為了調製較深的顏色，可能需要加入很多的色粉，導致麵團變乾硬，因而產生麵團開裂或是蒸熟後口感乾硬的問題。因此染色的時候，也要記得幫麵團補水分，維持麵團的手感。

3. 無須死記色粉用量：

每個牌子的色粉上色度、鮮豔度都不一樣，因此無須死記色粉的用量，每次調色都以眼睛看到麵團的顏色為準，若更換色粉品牌也要重新再試驗一下喔。

4. 色粉本身也有味道：

調色時請考慮色粉本身是否帶有味道，例如使用可可粉會有巧克力味，使用抹茶粉會有抹茶味，只要色粉味道彼此不衝突，都可以隨心所欲的加在一起，創造屬於自己的色彩。

5. 可以使用色膏染色嗎？

市售的色膏就不是天然的食材，若不介意也可選用，調色原理和方法都一樣。

簡單做造型——花捲饅頭

學會了調色技巧之後，讓我們來學著做做看單色與雙色的花捲饅頭吧！當然若想調製更多顏色，都是可以自由發揮的喔！

花捲打結示意圖

單色四瓣花捲

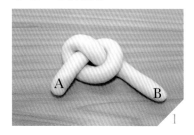

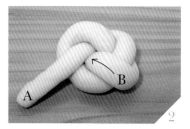

取白色麵團 50g 搓成粗細均勻的長條狀，長度約 26 公分後，將麵團打結，尾端分 A、B（B 端較長）兩端。

把 B 端穿入中間孔洞收起。

把 A 端也塞到麵團底部，就完成了。

單色五瓣花捲

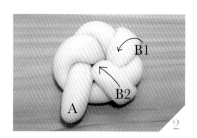

取白色麵團 50g，搓成粗細均勻的長條狀，長度約 32 公分，打結，尾端分 A、B（B 端較長）兩端。

把較長的 B 端穿入中間孔洞後（B1），將多餘線段再次穿入中間孔洞（B2）。

把 A 端塞到麵團底部，完成五瓣花捲。

雙色四瓣花捲

取白色麵團 35g 與桃紅色麵團 15g，將 2 色麵團隨意搓揉，完成混色長條麵團。

將混色長條狀麵團打結，尾端分 A、B（B 端較長）兩端。

重複單色四瓣花捲的步驟2～3之後，將 A、B 兩端分別收入底部，完成雙色四瓣花卷。

關鍵的步驟——發酵

在進入蒸籠之前，麵團還有一個最關鍵的步驟，那就是發酵，這可是讓饅頭變得鬆軟又好吃的關鍵喔！

✨ 發酵判斷—小量杯判斷法 ✨

發酵不是以時間來判斷，而是看「饅頭長大的大小」，當麵團剛揉好時的大小為「原始大小」（1 倍大），當麵團長大 1.5 ～ 2 倍大的時候，最適合進入蒸籠蒸製，這個狀態蒸出來的饅頭都會漂亮而且好吃。因此必須在饅頭發酵完成前將造型做完，發酵完成必須馬上蒸熟才能定型並保存。

但是我們該怎麼判斷饅頭已經長大 1.5 ～ 2 倍呢？教大家「小量杯判斷法」。

取一小塊和主體相同的麵團塞入小量杯，將麵團壓平對齊 1 公分。

小麵團最高點由 1 公分長高至 1.7 ～ 2 公分的時候代表饅頭發酵完成。

※ 測量時機：饅頭主體（動物的身體、甜甜圈的圓、刈包的皮等）完成時，就可以進行此判斷法。舉粉紅元氣兔為例，在兔子的頭部滾圓後，就可以捏一小塊麵團塞入小量杯中了！（不可等到所有造型都完成才進行測量喔！）

發酵完成時，饅頭會變輕喔！

用來判斷發酵的小麵團在製作的過程中，全程都必須與饅頭處於同樣的環境下發酵。假設要做 5 個元氣兔饅頭，5 個饅頭主體完成後（5 顆頭滾圓後）取 1 顆小麵團塞入小量杯，再繼續完成 5 對兔耳朵和表情。當小麵團由 1 公分長至 1.7 ～ 2 公分，代表手上的 5 顆元氣兔饅頭也發酵好了。

發酵好的饅頭除了外觀看起來變大，用手拿會感覺變輕，因為發酵好的饅頭裡面充滿了氣體，雖然實際重量沒有減少，卻會有輕盈感。

☘ 發酵過度或不足 ☘

❶ 發酵不足 ✖

饅頭還沒長大到 1.5 倍就拿去蒸，蒸出來的饅頭體積較小、口感較硬，有時表皮會出現透明感，透明的地方叫做死麵，吃起來特別硬，就是麵團沒有發酵完成。

❷ 完美發酵 ◎

在發酵程度到達 1.5 ～ 2 倍時蒸出來的饅頭，漂亮且好吃。

❸ 發酵過度 ✖

饅頭發酵超過 2 倍才蒸製，因為發酵過度麵皮被撐到太大失去表面張力，饅頭會皺縮。過發程度輕微的饅頭吃起來仍然蓬鬆，嚴重者則會有一股酸味（酒精味），且氣孔粗大。

最佳發酵溫度：30 ～ 35℃

溫度低時，酵母的活性也減弱，有時天氣太冷，氣溫低於 20℃，饅頭造型做好時，麵團卻完全沒有長大，此時要營造一個溫暖且適合發酵的環境，讓環境的溫度落在 30 ～ 35℃之間，才不用等到天荒地老。

加速發酵靠這 2 招

1

2

1. 在家用烤箱底部放一盆冒煙的熱水，烤箱中間放烤盤，麵團放在烤盤上，烤箱留微縫勿完全關閉，烤箱內部因為有熱水就會變溫暖，幫助麵團發酵。
2. 將蒸鍋的水加熱至45～55℃，鍋蓋留縫，把麵團放在蒸籠中進行發酵。

最後一步──進蒸籠

不同的蒸製工具有不同的注意事項，選好工具後，一起來蒸饅頭吧！
器材部分，不管是電鍋、蒸鍋或水波爐還是蒸爐，只要有溫度到達
100℃的蒸氣都能夠蒸饅頭！

❧ 電鍋 ❧

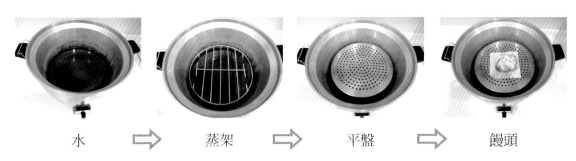

水　➡　蒸架　➡　平盤　➡　饅頭

1. 以量米杯裝冷水約1.5杯（約270cc），倒入外鍋。
2. 放上蒸架與平盤（離鍋底約3公分）之後，再放上饅頭，按下開關，鍋蓋留縫。
3. 計時15分鐘，時間到便拔插頭。
4. 悶5分鐘再慢慢開蓋，避免熱漲冷縮。

小撇步

可用果醬抹刀夾在鍋蓋旁，保持留縫狀態。

❧ 電鍋（向上疊蒸）❧

1. 在電鍋內部倒入深度3公分的水，煮滾後再把竹蒸籠架上。
2. 蒸1層計時15分鐘，蒸2層計時20分鐘，時間到便可拔插頭。
3. 悶5分鐘再慢慢開蓋，避免饅頭熱漲冷縮。
4. 每往上堆疊一層蒸製時間增加5分鐘。

小撇步

蒸籠與電鍋若完全密合可直接往上堆疊，若不密合，必須用抹布圍繞電鍋一圈將縫隙填滿，以免蒸氣外洩，蒸不熟饅頭。

❧ 金屬蒸鍋 ❧

1. 先用大火將水（水量約為鍋身1/5）煮到冒煙、冒泡，再轉中火並將饅頭放上。
2. 10分鐘後，檢查鍋蓋縫隙是否冒煙，觀察「煙量」來控制「火力」。沒冒煙表示火力

太弱，冒大煙則表示火力太強有皺皮風險，全程控制鍋蓋縫隙冒出徐徐緩緩的煙。

3.自鍋蓋旁冒煙起，再計時10分鐘，時間到即可熄火。

4.熄火後，悶5分鐘再慢慢開蓋，避免饅頭熱漲冷縮。

小撇步

1.鍋蓋要包布，避免滴水。

2.蒸籠內部放上一層薄薄的吸水布（或紙巾），可吸收蒸籠底部聚集的水氣，避免饅頭吸水而軟爛。

蒸饅頭的注意事項

1. 饅頭蒸不夠不會熱，蒸久不會壞

本書的饅頭重量皆為 100g 以下，100g 以內的饅頭蒸 25 分鐘一定會熱，若蒸大型饅頭時間可延長至 30 ～ 40 分鐘（當蒸的時間加長，鍋內的水也要增加，以免燒乾）。

2. 饅頭悶好就要取出！

不可放在電鍋內部保溫，尤其電鍋保溫模式會將饅頭表面水分蒸發，讓饅頭變乾硬、底部變厚、泛黃。

3. 蒸熟才能出爐

蒸好的饅頭表面呈現亮面，若開蓋時看到饅頭是霧面的，表示尚未熟成，須立刻將蓋子蓋上繼續蒸，若還沒有熟，饅頭就離開熱源，即使再回鍋蒸，永遠也不會變熟。

怎麼保存怎麼吃？

1. 用置涼架放涼，密封保存

饅頭蒸出爐後使用置涼架騰空完全放涼，不要直接放在桌上（底部會潮濕，容易軟爛或發霉），涼透後使用塑膠袋或保鮮盒密封起來（紙類包裝無法密封），密封的狀態下常溫保存 3 天、冷藏 7 天、冷凍 30 天。

2. 冷凍為最佳保存方式

最佳保存方式是冷凍，因為只有冷凍，饅頭的水分才會被鎖住，再一次蒸來吃口感才會跟剛出爐的時候一樣，若放常溫或冷藏，也許 3 天之後饅頭沒有壞，但水分已流失，口感變乾硬。冷凍過後的饅頭無需退冰、直接蒸，蒸 10 分鐘，悶 5 分鐘再慢慢開蓋。

Chapter

2

先從可愛動物開始吧

想要天天去動物園？沒問題！
兔子蹦蹦跳上了桌，
獅子也緩緩走向盤裡，
可愛小豬、乳牛出現在你的手上……
打造自己的饅頭動物園吧！

元氣粉紅兔

單顆饅頭說明圖

耳朵 4g（左右相同）

髮帶 1g

花蕊約綠豆大小

花瓣約綠豆大小

頭 42g

眼睛約綠豆大小

鼻子約米粒大小

份量：3 個

🌿 麵團材料 🌿

中筋麵粉 100g、牛奶 60g、酵母 1g、砂糖 12g、油 1g、色粉（紅、黑、紫、黃）適量

🌿 麵團 🌿

粉紅色 150g、黑色 3g、紫色 3g、黃色 4.5g、紅色 2g

🌿 工具 🌿

黏土（或翻糖）工具組、小剪刀（或牙籤）、噴水瓶、10x10 饅頭紙、電子秤

🌿 做法 🌿

頭 1

取粉紅色麵團 42g，滾圓後，放在饅頭紙上備用。

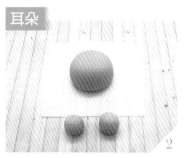

耳朵 2

取粉紅色麵團 4g 共 2 個，並捏成圓球。

3

用手掌搓成各約 6 公分的長條狀，做成兔子的耳朵。

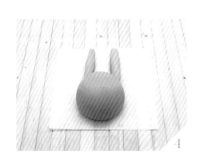

4

將 2 隻耳朵置於頭部下方，耳朵與頭部重疊的地方沾水黏貼。

嘴巴

5

取黑色麵團 1g，將尾端搓成細線，再擷取 2 公分。

6

用小剪刀將黑色線條從中間挑起，將線條頂點固定在頭部中心點。

7

再用小剪刀調整嘴部線條弧度。

鼻子

8

取黑色麵團（約米粒大小），搓圓。

9

沾水貼在嘴巴線條頂點上，完成鼻子。

眼睛

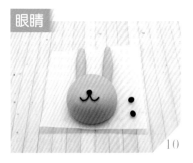

10

取黑色麵團（約綠豆大小）共 2 個，搓圓。

11

在桌上略為壓扁。

12

兔子臉部眼睛處，沾薄水，將壓扁的黑麵團貼上，再輕輕按壓黏緊，完成眼睛。

 Tips　在製作五官的時候先做中心點，中心點定位後剩下的五官才知道要放哪裡，貼上去後以中心點為基準檢查五官是否對稱。

髮帶

取紫色麵團 1g，捏圓後再搓成紡錘狀，長約 4 公分。

將紡錘狀麵團在桌面上按壓扁平。

沾水黏在兔子額頭，完成髮帶。

花朵

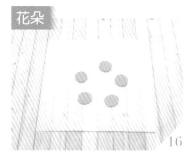

取黃色小麵團（約黃豆大小）共 5 個，捏圓後壓扁。

分別用工具將每個黃色圓形切半刀。

將切半刀的那端，用手指從兩邊往中間捏緊，形成 5 片花瓣。

將 5 片花瓣沾水貼在紫色髮帶上，組成 1 朵小黃花。

取紅色麵團（約綠豆大小）搓圓，在中心輕輕黏緊，待發酵完成，即可進行蒸製。

 花瓣一定要靠攏黏緊，中間不能有空隙，否則發酵或蒸熟時會因為膨脹而分開。

黑白萌乳牛

單顆饅頭說明圖

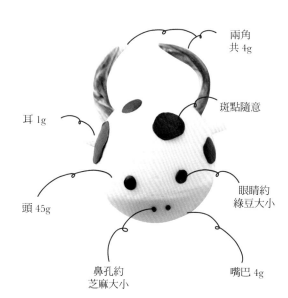

兩角
共 4g

斑點隨意

耳 1g

頭 45g

眼睛約
綠豆大小

鼻孔約
芝麻大小

嘴巴 4g

份量：3 個

麵團材料

中筋麵粉 110g、牛奶 66g、酵母 1.1g、砂糖
13.2g、油 1g、色粉（紅、黑）適量

麵團

白色 152g、粉紅色 12g、黑色 5g

工具

黏土（或翻糖）工具組、小剪刀（或牙
籤）、噴水瓶、10x10 饅頭紙、電子秤、
饅頭紙、擀麵棍

做法

頭部

1

取白色麵團 45g，滾圓後，
放在饅頭紙上備用。

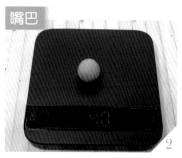

嘴巴

2

取粉紅色麵團 4g，捏圓。

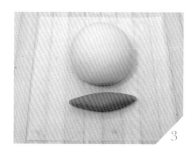

3

搓成紡錘狀，長約 4 公分。

將紡錘狀的粉紅色麵團橫放，用擀麵棍以同方向將其上下擀平，力道需均勻。

用手指調整麵皮形狀，完成1個橫向的橢圓形。

用噴水瓶在白色頭部麵團噴上薄水，將粉紅色麵皮貼上，完成嘴巴。

牛角

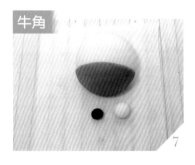

取黑色麵團 0.5g 與白色麵團 3.5g。

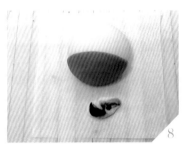

將黑、白兩色麵團隨意搓揉，顏色不需均勻，可當作牛角不規則的顏色紋路。

將麵團搓成兩頭尖的長條狀、長度約 12 公分。

從中間切斷。

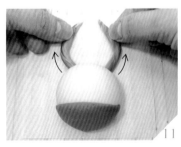

將牛角放在頭部底下，並用手調整牛角弧度。

耳朵

取白色麵團 1g 共 2 個，分別捏圓。

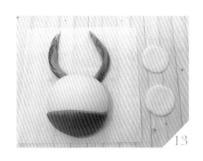

壓成約 5 元硬幣大小的 2 個圓形。

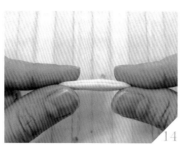

將 2 個白色圓形往中間對折，兩邊捏緊並且拉長至 3 公分，當作牛耳。

把 2 個牛耳摺口面朝上，壓在頭部底下，重疊部位沾水黏上，完成牛耳。

斑點

取黑色麵團（小於 1g 的隨意大小）共 2 個，捏圓並壓扁成不規則的圓形。

用噴水瓶在頭部噴上薄水，將壓扁的不規則黑色圓形貼上，完成斑點。

眼睛

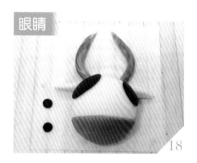

取黑色麵團（約綠豆大小）共 2 個，捏圓後壓扁。

沾水將 2 個黑色圓形貼上頭部，完成眼睛。

鼻孔

取黑色麵團（約芝麻大小）共 2 個。

將黑色麵團沾水貼上嘴巴處，當作鼻孔，待發酵完成後，即可進行蒸製。

乖巧哈士奇

單顆饅頭說明圖

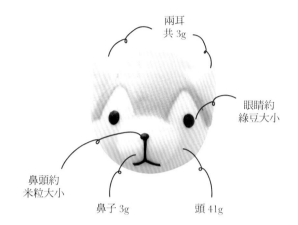

兩耳
共 3g

眼睛約
綠豆大小

鼻頭約
米粒大小

鼻子 3g

頭 41g

份量：3 個

🌿 麵團材料 🌿

中筋麵粉 120g、牛奶 72g、酵母 1.2g、砂糖 14.4g、油 1g、黑色色粉適量

🌿 麵團 🌿

白色 141g、灰色 30g、黑色 3g

🌿 工具 🌿

黏土工具組、小剪刀（或牙籤）、噴水瓶、10x10 饅頭紙、電子秤、擀麵棍

🌿 做法 🌿

頭部

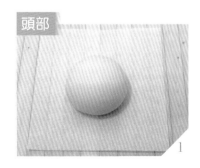

1

取白色麵團 41g，滾圓後放在饅頭紙上備用。

花色

2

取灰色麵團 10g，搓長至 8 公分。

3

將麵團橫放，用擀麵棍拿同樣方向上下擀平，須注意力道均勻，推成 1 張厚薄平均、長約 10 公分、寬約 5 公分的灰色長方形。

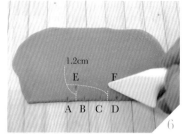

用切麵板在灰色長方形麵皮的底部切出一條直線。

用工具在直線上取 A、B、C、D 共 4 個點做記號，每個點距離 1 公分。

用工具在距離長方形底邊 1.2 公分處（A、B 與 C、D 之間），取 E、F 共 2 個點做記號。

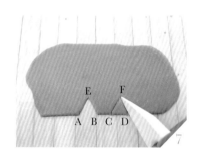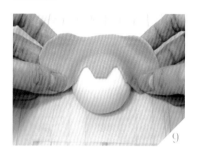

將 AE、BE、CF、DF 之間以工具切出直線，形成 2 個三角形。

將切好形狀的灰色麵皮用切麵板從不規則的長邊慢慢挑起。

在白色頭部麵團噴上薄水，並貼上灰色麵皮，底邊對齊白色頭部麵團的中線。

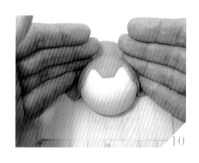

用手把灰色麵皮從頭部中間慢慢往外圍輕輕按壓順平。

將頭部翻轉，並用剪刀把多餘的灰色麵皮剪掉，底部要平順，饅頭才不會傾斜。

取白色麵團 3g，捏圓，當成鼻子。

1.麵團一定要先搓長，才容易擀成長方形，擀好的形狀盡量控制在長10公分、寬5公分，面積太大代表麵皮太薄，蒸熟後容易起泡出問題。面積較小則表示麵皮太厚，蒸熟後容易與頭部分離並出現裂痕，且將無法把頭部完整包覆。
2.灰色麵皮一定要包到底部，否則饅頭發酵膨脹後，會露出白色的頭皮。

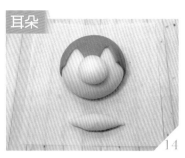

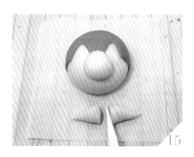

用噴水瓶在臉上噴薄水，把鼻子貼上，並用圓頭工具沿著鼻子與頭部交接處沿邊壓實。

取白色麵團 3g，捏圓並搓成紡錘狀，長約 3 公分。

用工具從中間切開，形成 2 個三角錐。

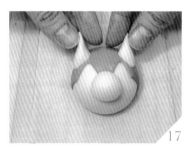

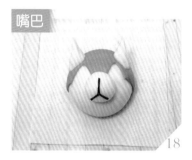

將三角錐的切面沾上薄水，貼在頭部當耳朵，並用圓頭工具沿邊壓實，確實黏緊。

用手指調整形狀和方向，完成耳朵。

取黑色麵團 1g，搓成細線，沾水貼上嘴部線條。

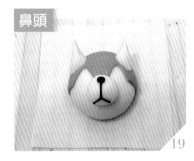

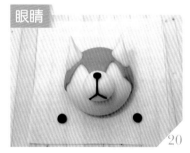

取黑色麵團（約米粒大小），搓圓後沾水貼在頭部上，當成鼻子。

取黑色麵團（約綠豆大小）共 2 個，搓圓後壓扁。

在白色三角形處沾薄水，並將黑色圓麵團貼上，輕輕按壓，待發酵完成後，即可進行蒸製。

草原奶油獅

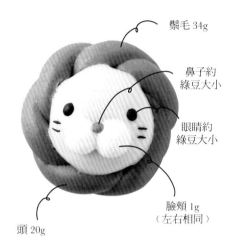

鬃毛 34g

鼻子約
綠豆大小

眼睛約
綠豆大小

臉頰 1g
（左右相同）

頭 20g

份量：3 個

🌿 麵團材料 🌿

中筋麵粉 110g、牛奶 66g、酵母 1.1g、砂糖
13.2g、油 1g、色粉（黃、咖啡、紅、黑）適量

🌿 麵團 🌿

黃色 60g、咖啡色 102g、白色 6g、紅色 1g、
黑色 2g

🌿 工具 🌿

黏土（或翻糖）工具組、小剪刀（或牙
籤）、噴水瓶、10x10 饅頭紙、電子秤

🌿 做法 🌿

頭部

1

取黃色麵團 20g 並滾圓。

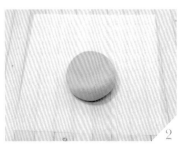

2

放在饅頭紙上備用。

鬃毛

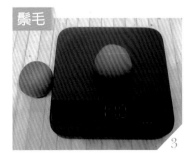

3

取咖啡色麵團 17g 共 2 個。

分別搓長至 20 公分。

將 2 條麵團的一頭併攏，並捏緊固定，作為起點，並交互旋轉。

旋轉後，使之成為麻花狀。

臉頰

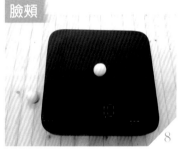

圍繞頭部一圈，完成鬃毛。

取白色麵團 1g 共 2 個，分別捏圓。

將圓形白色麵團在桌上略微壓平。

鼻子

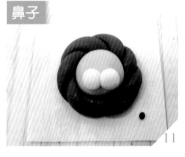

用噴水瓶在黃色麵團上噴上薄水，將 2 個白色麵團貼上且併攏貼緊，完成臉頰。

取紅色麵團（約綠豆大小），並搓圓。

在 2 個白色臉頰中間沾薄水，將紅色小圓麵團貼上，完成鼻子。

眼睛

13

14

15

取黑色麵團（約綠豆大小）
2 個，並搓圓。

在桌上用手指壓扁。

沾水將 2 個黑色麵團貼上，
當作眼睛，待發酵完成後，
即可進行蒸製。

Tips

1.麻花捲若捲得太緊，棕毛會太短，無法圍成圈，若太鬆則棕毛會過長。可以
　多試幾次，就能掌握到最適當的長度。
2.捲好的麻花要把頭尾往下藏才好看喔。

完成圖

俏皮紳士豬

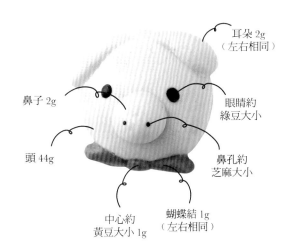

單顆饅頭說明圖

耳朵 2g
（左右相同）

鼻子 2g

眼睛約
綠豆大小

頭 44g

鼻孔約
芝麻大小

中心約
黃豆大小 1g

蝴蝶結 1g
（左右相同）

份量：3 個

🌿 麵團材料 🌿

中筋麵粉 100g、牛奶 60g、酵母 1g、砂糖 12g、油 1g、色粉（紅、黑）適量

🌿 麵團 🌿

粉紅色 150g、黑色 3g、紅色 7.5g

🌿 工具 🌿

黏土（或翻糖）工具組、小剪刀（或牙籤）、噴水瓶、10x10 饅頭紙、電子秤

🌿 做法 🌿

頭部

1
取粉紅色麵團 44g，滾圓放在饅頭紙上備用。

耳朵

2
取粉紅色麵團 2g 共 2 個，捏圓。

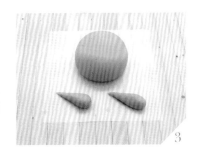

3
搓成水滴狀，長約 3 公分。

在桌上按壓扁平。

黏貼在頭部上方，輕輕按壓黏緊，完成耳朵。

鼻子

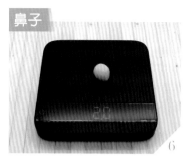

取粉紅色麵團 2g，捏圓。

將粉紅色麵團沾水貼在臉上，輕輕按壓黏緊。

眼睛

取黑色麵團 0.3g（約綠豆大小）共 2 個，搓圓。

先在桌上略為壓扁。

在豬臉部眼睛處沾微量的水，將黑色麵團貼上再輕輕黏緊，完成眼睛。

鼻孔

取黑色麵團（約芝麻大小）共 2 個，搓圓。

將鼻子表面沾水，把 2 個黑色麵團貼上，完成鼻孔。

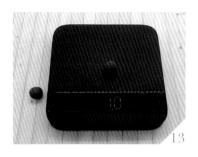

取紅色麵團 1g 共 2 個，分別捏圓。

搓成水滴狀，長約 1 公分。

將水滴狀紅色麵團在桌上按壓扁平，形成 2 個扇形。

用工具在尖端處壓出線段痕跡。

將 2 個扇形沾水貼在脖子當領結，尖端要併攏黏緊。

取紅色麵團（約黃豆大小）。

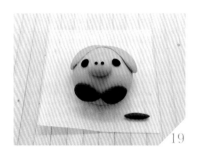

搓成橢圓形。

在步驟 17 的 2 個扇形交接處沾水，將橢圓形紅色麵團貼上修飾交接處。

用工具把橢圓形紅色麵團的尖端向內收邊，待發酵完成後，即可進行蒸製。

 Tips | 蝴蝶結的尖端需靠緊，稍微重疊黏貼，發酵膨脹後才不會分開。

Chapter
3

跟孩子一起
做出萌萌世界

萌萌饅頭超簡單！
精選 7 款簡易造型，
太陽、星星、蝴蝶結……
步驟簡易，輕鬆上手，
一起跟孩子動手做做看吧！

晴天帥太陽

鏡片 0.5g
（左右相同）

腮紅約
米粒大小

臉 30g

光芒總計
20g

份量：3 個

🌾 麵團材料 🌾

中筋麵粉 100g、牛奶 60g、酵母 1g、砂糖 12g、油 1g、色粉（黃、黑、紅）適量

🌾 麵團 🌾

黃色 150g，黑色 5g，紅色 1g

🌾 工具 🌾

黏土（或翻糖）工具組、小剪刀（或牙籤）、噴水瓶、10x10 饅頭紙、切麵板、電子秤、擀麵棍

🌾 做法 🌾

臉

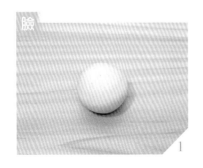

取黃色麵團 30g，滾圓。

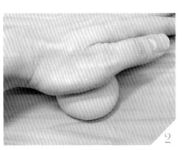

用手略為壓扁。

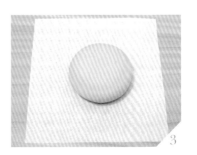

放在饅頭紙上備用。

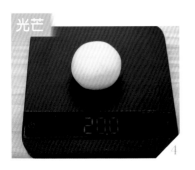

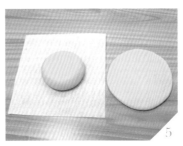

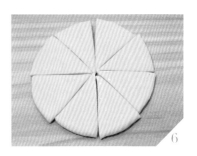

取黃色麵團 20g，滾圓。

用擀麵棍將黃色麵團擀平，桿成約直徑 8 公分的圓形。

用切麵板將擀平的黃色麵皮切成 8 等份的扇形。

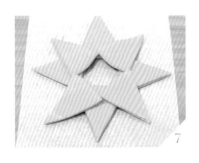

將 8 等份扇形尖端朝外，等距排列成一圓圈。

把步驟 3 完成的黃色麵團放在中央，完成光芒。

取黑色麵團，並將尾端搓成細線。

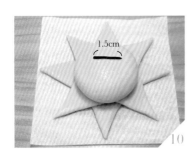

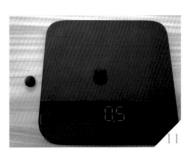

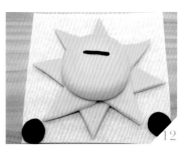

取長度約 1.5 公分的黑色細線沾水貼上，當作眼鏡架。

取黑色麵團 0.5g 共 2 個，捏圓。

將 2 個黑麵團壓扁。

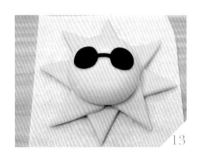

嘴巴

在步驟 10 的線段兩旁沾薄水，將 2 個黑麵團貼上，完成墨鏡。

取剩下的黑色麵團，再將尾端搓成細線。

取約 2 公分細線，在黃麵團上沾薄水，貼上細線，完成嘴巴。

腮紅

取紅色麵團（約米粒大小）2 個，搓圓。

沾薄水貼在臉的兩側，待發酵完成後，即可進行蒸製。

完成圖

浪漫五瓣花

份量：3 個

🌿 麵團材料 🌿

中筋麵粉 110g、牛奶 66g、酵母 1.1g、砂糖 13.2g、油 1g、色粉（黃、紅、黑）適量

🌿 麵團 🌿

黃色 18g、粉紅色 150g、黑色 1g

🌿 工具 🌿

黏土（或翻糖）工具組、小剪刀（或牙籤）、噴水瓶、10x10 饅頭紙、電子秤

🌿 做法 🌿

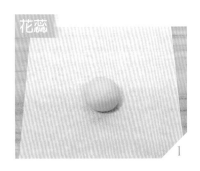

取黃色麵團 6g，捏圓，放在饅頭紙上備用。

取粉紅色麵團 10g 共 5 個，捏圓。

將花蕊周圍沾薄水，用粉紅色麵團圍繞。

用工具在粉紅色麵團上壓出線條，待發酵完成後，即可進行蒸製。

將粉紅色花瓣外側捏尖。

以少量黑色麵團，自由創作表情。

閃亮小星星

份量：3 個

麵團材料

中筋麵粉 60g、牛奶 36g、酵母 0.6g、砂糖 7.2g、油 1g、色粉（黃、黑、紅）適量

麵團

黃色 100g、黑色 3g、紅色 1g

工具

黏土（或翻糖）工具組、小剪刀（或牙籤）、噴水瓶、10x10 饅頭紙、星星形狀模型、電子秤、擀麵棍

做法

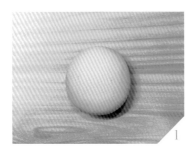

1. 將黃色麵團滾圓。

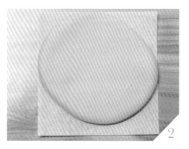

2. 用擀麵棍擀平（厚度約 1 公分），放在饅頭紙上。

3. 使用模型，將黃色麵團壓出星星形狀。

4. 剩下來的麵團可再次揉光滑擀平，繼續製作星星。

5. 使用黑色與紅色麵團妝點表情，待發酵完成後，即可進行蒸製。

Tips 大小不同的模型，能裁切的星星數量不一樣，每次切下的星星厚度至少要有 1 公分，才不會太薄。

甜美 蝴蝶結

單顆饅頭說明圖

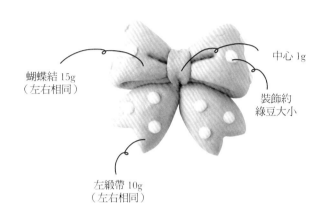

蝴蝶結 15g
（左右相同）

中心 1g

裝飾約
綠豆大小

左緞帶 10g
（左右相同）

份量：3 個

麵團材料

中筋麵粉 100g、牛奶 60g、酵母 1g、砂糖 12g、油 1g、紫色色粉適量

麵團

紫色 150g、白色 12g

工具

黏土（或翻糖）工具組、小剪刀（或牙籤）、噴水瓶、10x10 饅頭紙、電子秤、饅頭紙、擀麵棍

做法

緞帶

取紫色麵團 10g 共 2 個，分別捏圓。

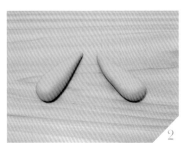

分別搓成長型水滴狀，長度約 6 公分。

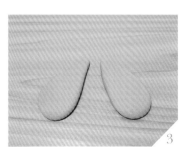

用手按壓，讓麵團扁平。

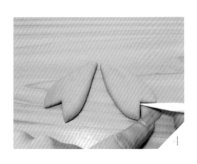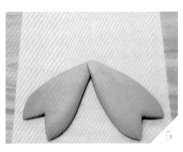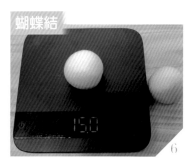

用工具在圓頭端分別切出三角形。

將尖角處重疊，放在饅頭紙上，完成下方緞帶。

取紫色麵團 15g 共 2 個，分別捏圓。

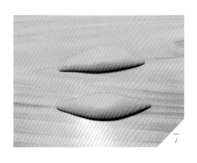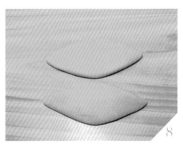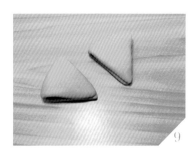

分別搓成紡錘狀，長度約 9 公分。

用手壓扁，成為兩個菱形。

將 2 個菱形分別對折，變成 2 個三角形。

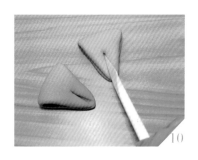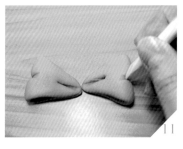

用工具分別在 2 個三角形的尖端處按壓痕跡（不可切斷）。

用工具分別將 2 個三角形的底邊往內推。

於 2 個三角形尖端處沾水，並移到步驟 5 完成的緞帶上方組裝，完成蝴蝶結雛形。

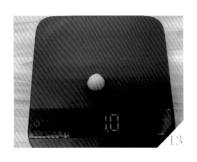

取紫色麵團 1g，捏圓。

搓成橢圓形。

用手壓扁。

沾水將扁平的紫色橢圓形
麵團，貼在蝴蝶結雛形的尖
端交接處。

用工具將紫色橢圓形的兩
端向內收起，完成蝴蝶結。

裝飾

取白色麵團（約綠豆大小）
12 個，捏圓。

分別壓扁後，沾水貼在蝴蝶
結上裝飾，待發酵完成後，
即可進行蒸製。

編織棒棒糖

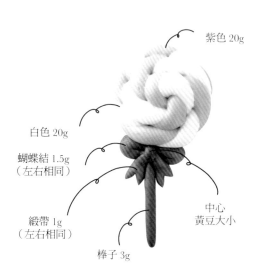

單顆饅頭說明圖

紫色 20g

白色 20g

蝴蝶結 1.5g
（左右相同）

緞帶 1g
（左右相同）

中心
黃豆大小

棒子 3g

份量：3 個

麵團材料

中筋麵粉 100g、牛奶 60g、酵母 1g、砂糖 12g、油 1g、色粉（紅、咖啡、紫）適量

麵團

紫色 60g、白色 60g、紅色 18g、咖啡色 9g

工具

黏土（或翻糖）工具組、小剪刀（或牙籤）、噴水瓶、12x14 饅頭紙、電子秤

做法

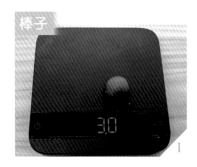

棒子

取咖啡色麵團 3g，捏圓。

將咖啡色麵團搓成約 10 公分的長條，當作棒子放在饅頭紙上備用。

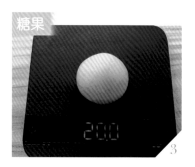

糖果

取紫色麵團 20g，捏圓。

取白色麵團 20g，捏圓。

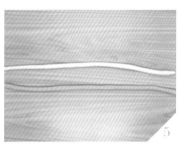

分別將紫色麵團和白色麵團搓成 35 公分的長條狀。

使兩色長條相互交纏，成雙色麻花捲。

將雙色麻花捲圍繞成圓形，組裝到步驟 2 的棒子上方，並將尾部藏在底下。

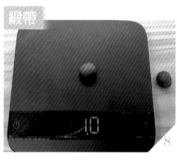

紅色麵團 1g 共 2 個，捏圓。

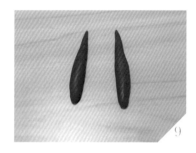

分別搓成長型水滴的形狀。

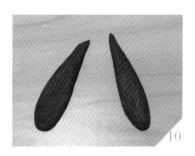

用手壓扁。

用工具分別在 2 個紅色麵團上切出三角形，成為緞帶。

取紅色麵團 1.5g 共 2 個，分別捏圓。

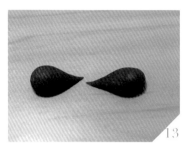

分別搓成水滴的形狀。

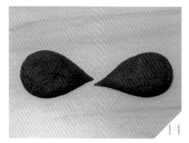

用手壓扁。

用工具分別在 2 個水滴狀的尖端壓出紋路。

沾水將緞帶和水滴裝在糖果與棒子之間。

取紅色麵團約黃豆大小。

再搓成長條狀。

沾水貼在緞帶與水滴的中心點。

用工具將中間的紅色麵團兩端往內收，待發酵完成後，即可進行蒸製。

雨後的彩虹

份量：3 個

🌿 麵團材料 🌿

中筋麵粉 100g、牛奶 60g、酵母 1g、砂糖 12g、油 1g、色粉（紅、黃、藍、黑）適量

🌿 麵團 🌿

白色 75g、粉紅色 26g、黃色 24g、藍色 24g、黑色 3g

🌿 工具 🌿

黏土（或翻糖）工具組、小剪刀（或牙籤）、噴水瓶、12x14 饅頭紙、電子秤

🌿 做法 🌿

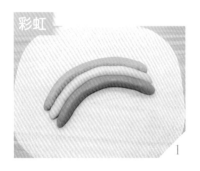

彩虹

取粉紅色、藍色、黃色麵團各 8g，捏圓後再搓成約 12 公分的長條，並以弧形並排，完成彩虹。

雲朵

取白色麵團 12.5g 共 2 個，分別捏圓。

用手壓扁。

用工具向中心點拉，雕出雲朵形狀。

將雲朵沾水貼在彩虹兩側。

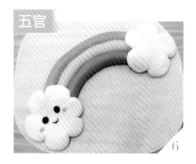

五官

用黑色麵團替雲朵妝點五官，待發酵完成後，即可進行蒸製。

荷包蛋小姐

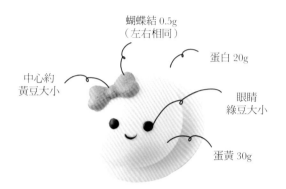

單顆饅頭說明圖

蝴蝶結 0.5g
（左右相同）

蛋白 20g

中心約
黃豆大小

眼睛
綠豆大小

蛋黃 30g

份量：3 個

🌿 麵團材料 🌿

中筋麵粉 100g、牛奶 60g、酵母 1g、砂糖 12g、油 1g、色粉（黃、黑、紅）適量

🌿 麵團 🌿

黃色 90g、白色 60g、黑色 3g、紅色 5g

🌿 工具 🌿

黏土（或翻糖）工具組、小剪刀（或牙籤）、噴水瓶、10x10 饅頭紙、電子秤、擀麵棍

🌿 做法 🌿

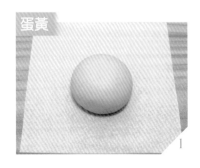

蛋黃

取黃色麵團 30g，滾圓放在饅頭紙上備用。

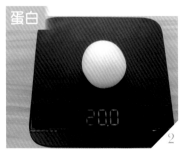

蛋白

取白色麵團 20g，捏圓。

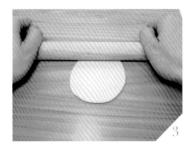

用擀麵棍將白色麵團擀平，形狀不拘，大小以不超過 10x10 饅頭紙為原則。

67

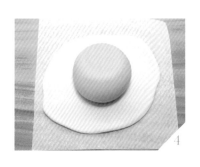

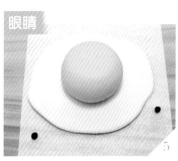

將步驟 1 的黃色麵團放在擀平的白麵團上方,完成荷包蛋雛形。

取黑色麵團(約綠豆大小)2 個,搓圓。

沾水貼在蛋黃上,輕輕黏緊完成眼睛。

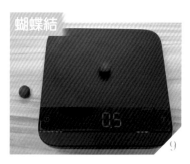

用工具切出小塊黑色麵團(約芝麻大小)。

搓成細線,沾水貼在蛋黃上,並調整弧度,完成嘴巴。

取紅色麵團 0.5g 共 2 個,捏圓。

分別搓成水滴狀。

用手壓扁。

用工具將紅色扇形從圓弧線的中心點往內拉,成為 2 個愛心。

沾水將 2 個愛心貼在五官上方，尖端需稍微重疊。

取紅色麵團（約黃豆大小），捏圓。

用手壓扁。

沾水將紅色圓形麵團貼在步驟 13 的愛心中央，待發酵完成後，即可進行蒸製。

親子篇的裝飾都是自由的，還有更多裝飾方式可參考 Chapter 8 學會小裝飾，輕鬆變大師，一起跟孩子做出更多不同變化的造型饅頭吧！

花朵：P.178　　**帽子**：P.180　　**蝴蝶結**：P.182　　**圍巾**：P.184

Chapter

4

繽紛的節日少不了你

不管是喜氣洋洋的春節，
還是小孩子最愛的聖誕節，
都少不了造型饅頭的陪伴！
讓財神爺、雪人、聖誕老人、花圈，
一起陪你度過最歡樂的節日吧！

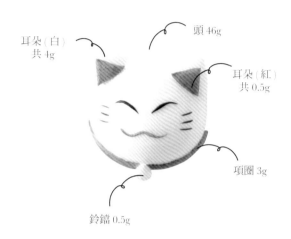

單顆饅頭說明圖

頭 46g

耳朵（白）
共 4g

耳朵（紅）
共 0.5g

項圈 3g

鈴鐺 0.5g

納福招財貓

份量：3 個

🌿 麵團材料 🌿

中筋麵粉 110g、牛奶 66g、酵母 1.1g、砂糖 13.2g、油 1g、色粉（紅、黑、黃）適量

🌿 麵團 🌿

白色 150g、紅色 12g、黑色 3g、黃色 2g

🌿 工具 🌿

黏土（或翻糖）工具組、小剪刀（或牙籤）、噴水瓶、10x10 饅頭紙、電子秤

🌿 做法 🌿

棒子

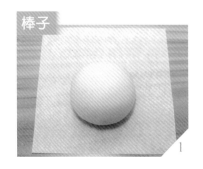

取白色麵團 46g，滾圓，放在饅頭紙上備用。

取白色麵團 4g，捏圓，並搓成紡錘狀，長度約 3 公分。

用工具將其從中間切開，形成 2 個三角錐。

73

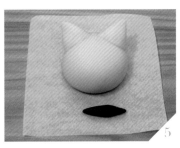

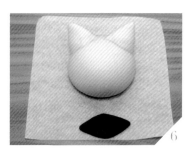

沾水貼在頭部上方，交接處用圓頭工具沿邊壓實，確實黏緊。

取紅色麵團 0.5g，搓成紡錘狀，長度約 3 公分。

用手壓扁，形成菱形。

項圈

用工具將紅色菱形從中間切開，形成 2 個三角形。

在步驟 5 的白色三角形上沾水，將紅色三角形貼上，完成耳朵。

取紅色麵團 3g，搓成紡錘狀，長度約 5 公分。

鈴鐺

用手壓扁，形成菱形。

白色麵團底部沾薄水，將紅色菱形貼上，完成項圈。

取黃色麵團 0.5g，捏圓，沾水貼在項圈中心點。

眼睛

13

用工具切黑色麵團（比芝麻略大）共 2 個。

14

分別搓成細線。

15

在頭部沾薄水，用工具將細線貼上並調整弧度。

嘴巴

16

取紅色麵團（約米粒大小）。

17

搓成細線，約 2 公分。

18

在頭部沾薄水，用工具將細線貼上並調整弧度。

鬍鬚

19

用工具切黑色麵團（約芝麻大小）6 個。

20

分別搓成細線。

21

在頭部沾薄水，用工具將細線貼在兩側，待發酵完成後，即可進行蒸製。

歡喜財神爺

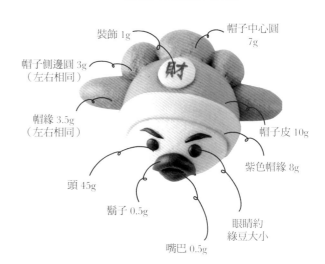

裝飾 1g
帽子中心圓 7g
帽子側邊圓 3g（左右相同）
帽緣 3.5g（左右相同）
頭 45g
鬍子 0.5g
嘴巴 0.5g
帽子皮 10g
紫色帽緣 8g
眼睛約綠豆大小

份量：3個

麵團材料

中筋麵粉 160g、牛奶 96g、酵母 1.6g、砂糖 19.2g、油 1g、色粉（黃、紅、紫、黑）適量

麵團

膚色麵團 135g、桃紅色 90g、紫色 24g、黃色 3g、黑色 3g、紅色 3g

工具

黏土（或翻糖）工具組、剪刀、小剪刀（或牙籤）、噴水瓶、12x14 饅頭紙、圓形切模、切麵板、電子秤、擀麵棍、水彩筆

做法

頭部

1 取膚色麵團 45g，滾圓，放在饅頭紙上備用。

帽子

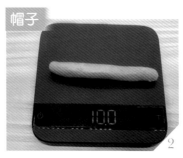

2 取桃紅色麵團 10g，搓長至 8 公分。

3 將麵團橫放，擀成厚薄一致，長約 10 公分、寬約 5 公分的桃紅色長方形。

 Tips　膚色就是很淡的橘色，可用一點點紅色加一點點黃色調出。

77

用圓形切模將麵皮底部裁出弧線。

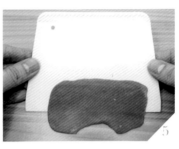

用切麵板從上方不規則的長邊慢慢挑起。

在頭部上方噴薄薄的水,將桃紅色麵皮貼上。

用手把桃紅色麵皮從頭部中間慢慢往外圍輕輕按壓黏貼,並將麵皮順平。

將頭部翻轉,並將桃紅麵皮貼到頭的底部。

用剪刀把多餘的桃紅麵皮剪掉,頭底要平順,饅頭才不會傾斜。

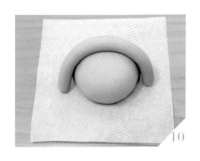

取紫色麵團 8g,搓長,長度約可圍繞桃紅麵皮邊緣即可。

用擀麵棍擀平。

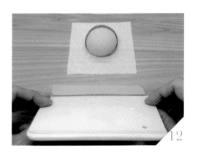

用切麵板切邊,切成寬度 1 公分的紫色長條狀。

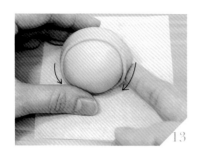

用噴水瓶在頭部噴水，把紫色長條貼上，超出的部分輕輕往頭底下收。

取桃紅色麵團 7g，捏成橢圓形，長度約 3 公分。

沾水貼在頭部上方。

取桃紅麵團 3g 共 2 個，分別捏圓後，貼在步驟 15 的兩側。

取桃紅麵團 3.5g 共 2 個，搓成長條，長度約 5 公分。

壓在頭部下方兩側。

取黑色麵團 0.5g，捏圓。

搓成紡錘狀，長約 4 公分。

將黑色紡錘狀麵團貼在臉上，做出向下弧度。

取 1g 紅色麵團。

搓成橢圓。

用手壓扁。

用工具將紅色橢圓形切半，並取其中一個貼在鬍鬚下方，完成嘴巴。

取黑色麵團（約綠豆大小）共 2 個，分別搓圓。

用手壓扁。

沾水貼在臉部，完成眼睛。

用工具切黑麵團（約米粒大小）2 個。

搓成細線。

裝飾

沾水將細線黏在眼睛上方，並調整弧度完成眉毛。

取黃色麵團 1g，捏圓並壓扁，直徑約 2 公分。

竹炭粉加水調和，用水彩筆沾調好的竹炭水，寫上「財」字。

沾薄水將黃色圓形麵團貼在帽子上，待發酵完成後，即可進行蒸製。

完成品側面圖

福氣滿滿袋

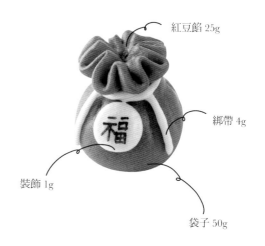

紅豆餡 25g
綁帶 4g
裝飾 1g
袋子 50g

份量：3 個

🌿 麵團材料 🌿

中筋麵粉 100g、牛奶 55g、酵母 1g、砂糖 12g、油 1g、色粉（紅、黃、黑）適量、紅豆餡 75g

🌿 麵團 🌿

紅色 150g、黃色 15g

🌿 工具 🌿

黏土（或翻糖）工具組、小剪刀（或牙籤）、噴水瓶、10x10 饅頭紙、緞帶 1 條（長度約 12 公分，塑形用）、電子秤、擀麵棍

🌿 做法 🌿

袋子

取紅色麵團 50g，滾圓。

用手壓扁。

用擀麵棍將麵團略為擀平。

Tips　福袋的麵團可比其他造型的麵團稍微硬一些（水加少一點），蒸熟後較挺立。

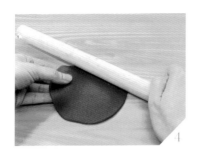

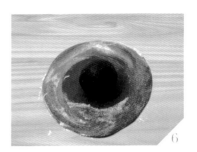

左手抓著麵皮，右手用擀麵棍擀麵，擀麵時，左手要不時將紅色麵皮麵朝同一方向旋轉，擀成直徑 11 公分的圓形麵皮，擀好的麵皮，中間較厚，周圍較薄。

檢視紅色麵皮，將比較光滑漂亮的面朝下， 將兩面麵皮的邊緣抹上一點薄薄的麵粉。

取紅豆餡 25g 放入紅色麵皮正中央。

左手將紅麵皮拉到紅豆泥上方的中心點固定，右手將麵皮慢慢往中心點收，捏出摺痕。

用虎口在摺痕下緣處稍微縮緊。

用緞帶在摺痕下緣處縮口定型，定型後即可拆除。

1. 麵皮周圍抹些許麵粉，包餡後摺痕才不會全部黏在一起。
2. 緞帶只是輔助縮口的工具，並沒有要綁在饅頭上，用虎口縮口也可以，但手指比緞帶粗，較難操作。

緞帶

取黃色麵團 4g，搓成線狀，長度約 30 公分。

沾水將黃色線段綁上福袋。

裝飾

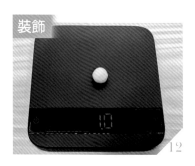

取黃色麵團 1g，捏圓。

用手壓扁。

竹炭粉加水調和，用水彩筆沾竹炭水在黃色麵團上寫上「福」字。

沾薄水貼在福袋上，待發酵完成後，即可進行蒸製。

內餡小撇步

1. 可購買市售的「烏豆沙」或是「硬紅豆」這類選擇水分較少的餡料，蒸熟後形狀較挺立，也可依個人喜好變化口味。
2. 使用前先將內餡25g搓成圓球狀後放冷凍，冰硬後較好包入。

紅鼻子馴鹿

鹿角 3g
（左右相同）

耳朵 1g
（左右相同）

眼睛
綠豆大小

頭 46g

鼻子 2g

份量：3 個

🌿 麵團材料 🌿

中筋麵粉 110g、牛奶 66g、酵母 1.1g、砂糖 13.2g、油 1g、色粉（咖啡、紅、黑）適量

🌿 麵團 🌿

淺咖啡色 144g、深咖啡色 18g、紅色 6g、黑色 5g

🌿 工具 🌿

黏土（或翻糖）工具組、小剪刀（或牙籤）、噴水瓶、10x10 饅頭紙、電子秤、筷子

🌿 做法 🌿

頭部

1

取淺咖啡色麵團 46g，仔細滾圓。

2

將麵團搓成橢圓形，放在饅頭紙上。

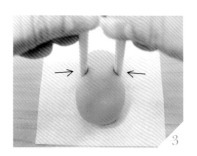

3

用筷子夾住麵團，使其成為葫蘆狀，完成頭部。

耳朵

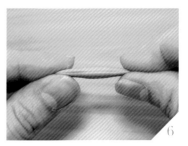

取淺咖啡色麵團 1g 共 2 個，捏圓。

用手壓扁，壓成大小約 5 元硬幣的圓形。

將淺咖啡色圓形麵團分別往中間對折，兩邊捏緊並且拉長至 3 公分。

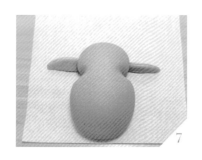

鹿角

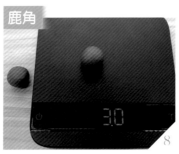

壓在頭部兩側底下，摺口面朝上，完成耳朵。

取深咖啡色麵團 3g 共 2 個。

搓成長條狀，長約 8 公分。

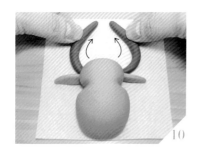

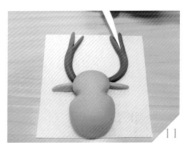

將深咖啡色長條壓在頭下方，用手調整彎曲的弧度。

用工具將頂端切半。

切出分支，完成鹿角。

嘴巴

鼻子

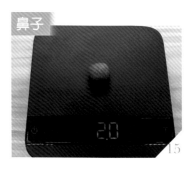

取黑色麵團，並將其尾端搓成細線。

在頭部噴薄水，取適當長度的黑色線條組合成嘴巴形狀並貼上。

取紅色麵 2g，捏圓。

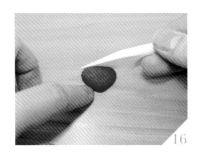

眼睛

在桌上略為壓扁，並用工具調整形狀成為倒三角形。

在嘴巴上方沾水，將倒三角貼上，完成鼻子。

取黑色麵團（約綠豆大小）共 2 個，略為壓扁。

完成圖

沾水貼在臉部，待發酵完成後，即可進行蒸製。

聖誕老公公

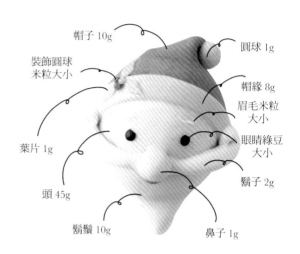

帽子 10g
圓球 1g
裝飾圓球 米粒大小
帽緣 8g
眉毛米粒 大小
葉片 1g
眼睛綠豆 大小
鬍子 2g
頭 45g
鬍鬚 10g
鼻子 1g

份量：3 個

🌿 麵團材料 🌿

中筋麵粉 160g、牛奶 96g、酵母 1.6g、砂糖 19.2g、油 1.6g、色粉（黃、紅、綠、黑）適量

🌿 麵團 🌿

膚色 138g、紅色 31g、白色 42g、粉紅色 27g、黃色 1g、綠色 3g、橘色 1g、黑色 1g

🌿 工具 🌿

黏土（或翻糖）工具組、小剪刀（或牙籤）、噴水瓶、10x10 饅頭紙、圓形切模、切麵板、電子秤、擀麵棍

🌿 做法 🌿

頭部

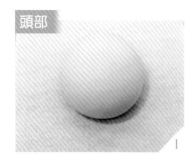

1

帽子

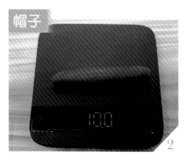

2

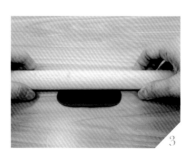

3

取膚色麵團 45g，滾圓，放在饅頭紙上備用。

取紅色麵團 10g，搓長至 8 公分。

將麵團橫放，擀麵棍以相同方向上下擀平，擀成 1 張厚薄一致，長約 10 公分、寬約 5 公分的紅色長方形。

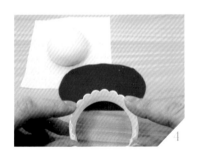

用圓形切模將紅色長方形底部裁出一條弧線。

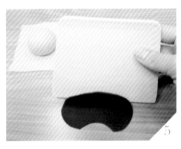

用切麵板從不規則的長邊慢慢挑起。

用噴水瓶在頭部上方噴薄水，將紅色麵皮貼上。

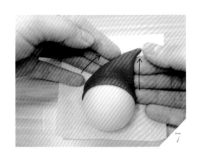

將紅色的麵皮兩側往上收，摺出帽子的形狀。

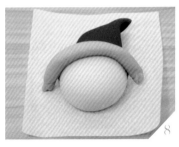

取粉紅色麵團 8g 並搓長，長度可以圍繞住紅色帽子的邊線即可。

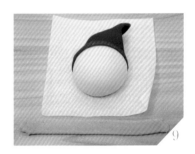

將粉紅色麵團擀平後，用切麵板將其切成寬度 1 公分的條狀。

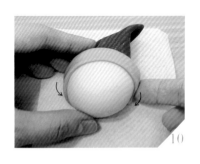

用噴水瓶在頭部噴水，把粉紅色長條貼上，長度超出的部分輕輕往頭底下收。

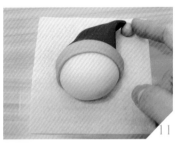

取粉紅色麵團 1g，捏圓，沾水貼在帽子尖端。

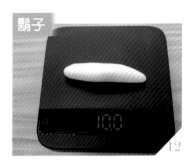

取白色麵團 10g，搓長至 8公分。

用擀麵棍擀成 1 張厚薄一致，長約 10 公分、寬約 5 公分的白色長方形。

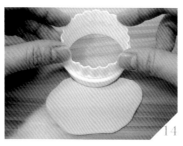

用圓形切模，在白色長方形上方裁出 1 條弧線。

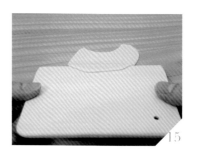

用切麵板從不規則的長邊慢慢挑起。

用噴水瓶在頭部下方噴水，將白色麵皮貼上。

將白色麵皮兩側往下收尖，摺出鬍子的形狀。

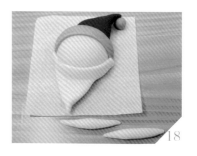

取白色麵團 2g 共 2 個，分別搓成紡錘狀，長度約莫 5 公分。

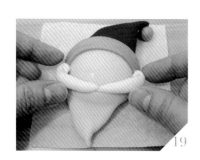

沾水將 2 條紡錘狀貼在白色與膚色交接處，調整線條，完成鬍子。

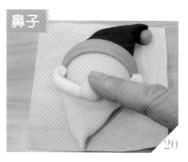

取膚色麵團 1g，捏圓，沾水貼在 2 條白色鬍鬚中間，輕輕按壓黏貼，完成鼻子。

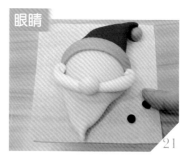

取黑色麵團（約綠豆大小）共 2 個，搓圓並壓扁。

在臉部的眼睛處沾微量的水，貼上黑色圓麵團，再輕輕按壓黏緊，完成眼睛。

用工具切白色麵團（約米粒大小）共 2 個。

搓成細線。

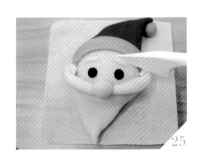  

沾水貼在眼睛上方。

取紅色麵團（約芝麻大小）。

搓成細線。

沾水貼在 2 條鬍子下方，用工具調整微笑的弧度，完成嘴巴。

取綠色麵團 1g。

用擀麵棍擀平。

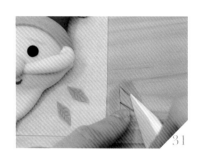

用工具切出菱形，共 3 片，並壓出葉脈，完成葉子。

沾水將葉子以放射狀貼在帽緣上。

取黃色、橘色、白色麵團（約米粒大小）各 1 個，分別搓圓。

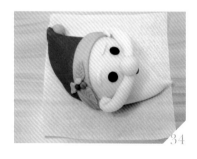

沾水貼在葉片的中心點，完成聖誕紅，待發酵完成後，即可進行蒸製。

完成圖

戴帽子雪人

單顆饅頭說明圖

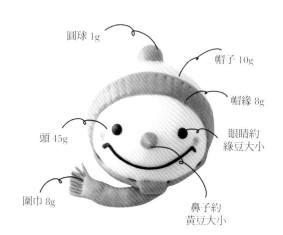

圓球 1g
帽子 10g
帽緣 8g
頭 45g
眼睛約綠豆大小
圍巾 8g
鼻子約黃豆大小

份量：3 個

🌿 麵團材料 🌿

中筋麵粉 140g、牛奶 84g、酵母 1.4g、砂糖 16.8g、油 1g、色粉（藍、紅、黃、黑）適量

🌿 麵團 🌿

白色 135g、淡藍色 30g、深藍色 27g、橘色 1.5g、粉紅色 24g、黑色 3g

🌿 工具 🌿

黏土（或翻糖）工具組、小剪刀（或牙籤）、噴水瓶、10x10 饅頭紙、圓形切模、切麵板、電子秤、擀麵棍、水彩筆

🌿 做法 🌿

頭部

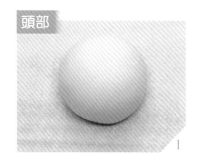

取白色麵團 45g，滾圓，放饅頭紙上備用。

帽子

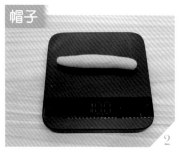

取淡藍色麵團 10g，搓長至 8 公分。

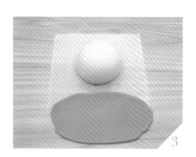

將麵團橫放，用擀麵棍以相同方向上下擀平，擀成一張厚薄一致，長約 10 公分、寬約 5 公分的淡藍色長方形。

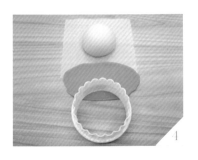

用圓形切模將淡藍色長方形下方裁出 1 條弧線。

用切麵板從不規則的長邊慢慢挑起。

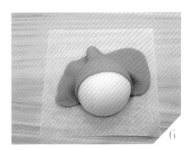

用噴水瓶在頭部噴薄水,將淡藍色麵皮貼上。

用手從頭部中間慢慢向外輕輕按壓,將麵皮順平。

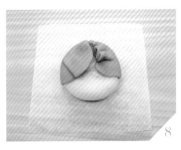

將頭部**翻轉**,把淡藍色麵皮貼到底部。

用剪刀把多餘的麵皮剪掉,饅頭才不會傾斜。

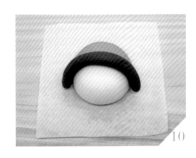

取深藍色麵團 8g 並搓長,長度可以圍繞住淡藍色麵皮的邊緣即可。

用擀麵棍把深藍色麵皮擀平,並用切麵板切成寬度 1 公分的長條。

用噴水瓶在頭部噴上薄水,把長條貼在淡藍色麵皮與白色麵團交接處,超出的部分輕輕往頭底下收。

取深藍色麵團 1g，捏圓後沾水貼在頂端，完成帽子。

圍巾

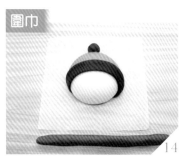

取粉紅色麵團 8g，搓長，長度約 12 公分。

用擀麵棍擀平，再用切麵板切成寬度 1 公分的長條狀。

用工具從中間切成 2 段。

將 2 條粉紅色長條交錯擺放如十字。

將十字的上方向後折，形成一個 T 字。

把 T 字放到頭部下方固定，下擺可用手調整弧度。

用工具切出尾端的線條，完成圍巾。

鼻子

取橘色麵團（約黃豆大小），搓圓。

用手指將其中一端搓尖。

將圓頭端沾薄水，貼在臉部中央。

用工具沿著交接處壓實，完成鼻子。

眼睛

取黑色麵團（約綠豆大小）2個。

用手壓扁。

沾水貼上頭部，輕輕按壓黏緊，完成眼睛。

嘴巴

取黑色麵團，並將尾端搓成細線。

用噴水瓶在雪人臉部噴薄水，用適當長度的黑色細線貼出嘴巴線條。

用剪刀把太長的黑線剪掉，完成嘴巴。

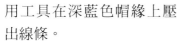

用工具在深藍色帽緣上壓出線條。

用極少量的紅麴粉加水調和，用水彩筆沾紅麴水，在雪人臉上畫上腮紅，待發酵完成後，即可進行蒸製。

Tips

1.貼帽子的時候，要先定位帽緣的弧線，弧線漂亮了再將帽子慢慢往下收。
2.淡藍色帽子要貼到頭的底部，發酵膨脹後，才不會露出白色頭皮。
3.紅麴粉加水調和後，可先用水彩筆畫在手背上試試濃淡，確認顏色濃淡適中後再畫到雪人臉上，才不會導致妝太濃，無法卸妝。
4.還有另一種圍巾的作法，可參考P.184喔！

完成圖

繽紛
小花圈

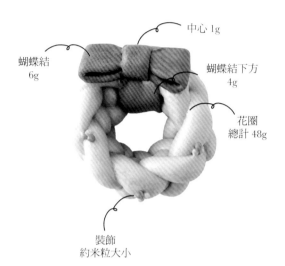

中心 1g

蝴蝶結
6g

蝴蝶結下方
4g

花圈
總計 48g

裝飾
約米粒大小

份量：3 個

🌿 麵團材料 🌿

中筋麵粉 120g、牛奶 72g、酵母 1.2g、砂糖
14.4g、油 1g、色粉（綠、紅、黃、紫）適量

🌿 麵團 🌿

綠色 144g、紅色 33g、黃色 2g、橘色 2g、紫
色 2g

🌿 工具 🌿

黏土（或翻糖）工具組、小剪刀（或牙
籤）、噴水瓶、10x10 饅頭紙、電子秤、
擀麵棍

🌿 做法 🌿

花圈

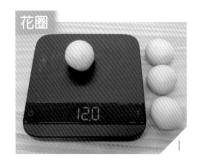

取綠色麵團 12g 共 4 個。

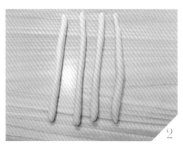

分別將 4 個綠色麵團搓成長
條，長度約 18 公分，粗細
需均勻。

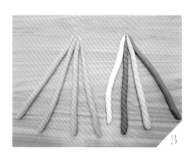

將 4 個長條直向排列，頂端
併攏捏緊。

Tips 為了讓讀者容易辨識，後續以白色、橘色、黃色、藍色來呈現原先4條綠色長條的位置，可比對圖片。接下來的辮編法，請記得順序為「中間、左邊、右邊」的大原則（中間2條編完，換編左邊2條，左邊2條編完，換編右邊2條，右邊2條編完，再輪回中間2條。）

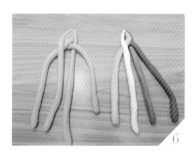

中間 2 條交錯，如右方，黃色要在橘色之上。

左邊 2 條交錯，如右方，白色要在黃色之上。

右邊 2 條交錯，如右方，橘色要在藍色之上。

蝴蝶結

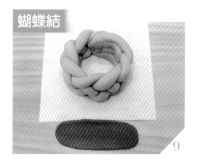

重複步驟 4～6 後，結尾處將 4 條麵條的尾部向中間捏緊收攏。

將編好的麵團頭尾重疊捏緊，圍成一圈，放在饅頭紙上，完成花圈本體。

取紅色麵團 4g，搓長，長度約 8 公分，並用擀麵棍擀成長方形。

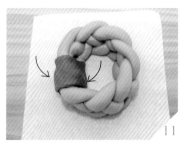

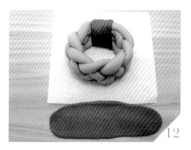

用切麵板切成為寬約 2 公分的長條。

沾水將紅色長條貼在步驟 8 的花圈頭尾接合處，並將收口藏在花圈底部。

取紅色麵團 6g，搓長，長度約 10 公分，並用擀麵棍擀平。

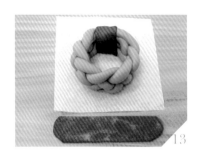

用切麵板切成為寬約 2 公分的長條。

將左右兩邊往中間折。

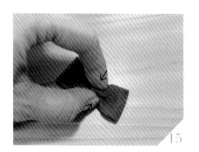

用手指掐住中間，形成蝴蝶結的雛形。

取紅色麵團 1g，搓成橢圓形並壓扁。

沾水把紅色橢圓形貼在蝴蝶結中間。

將多出的 2 端收到底部。

沾薄水將做好的蝴蝶結貼在步驟 11 完成的紅色長條上，完成蝴蝶結。

裝飾

取黃色、橘色、紫色麵團，捏出約米粒大小的麵團每色各 5 個。

沾水將各色小麵團貼在花圈上，待發酵完成後，即可進行蒸製。

Chapter

5

史上最可愛的刈包

誰說刈包只能是一種模樣？
刈包也可以有造型！
從海洋到陸地動物都有，
夾進生菜、煎蛋、肉片，
視覺跟營養通通滿分！

戀戀海貝殼

🌿 麵團材料 🌿

中筋麵粉 120g、牛奶 72g、酵母 1.2g、砂糖 14.4g、油 1g

🌿 麵團 🌿

白色 180g

🌿 工具 🌿

黏土（或翻糖）工具組、小剪刀（或牙籤）、抹油刷、切麵板、10x10 饅頭紙、電子秤、擀麵棍

🌿 做法 🌿

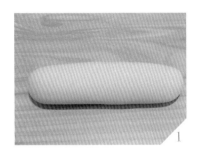

取白色麵團 60g 滾圓後，收口朝下，將麵團搓長，長度約 10 公分，粗細需均勻。

將麵團橫擺，擀麵棍拿同樣方向上下推勻，擀成長約 12 公分、寬約 8 公分的橢圓形麵皮。

選擇較漂亮的一面朝下，不好看的那面朝上抹油。

將麵皮對折，抹油的那面朝內，以防沾黏。

用切麵板在麵皮上壓出放射狀的 5 條紋路。

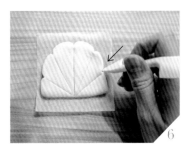

用工具將紋路從外往內拉，形成貝殼的花邊，待發酵完成後，即可進行蒸製。

軟呼呼綿羊

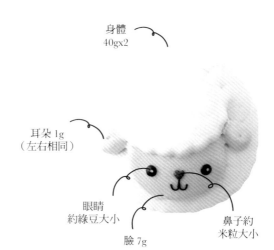

身體
40gx2

耳朵 1g
（左右相同）

眼睛
約綠豆大小

臉 7g

鼻子約
米粒大小

份量：3 個

🌿 麵團材料 🌿

中筋麵粉 170g、牛奶 102g、酵母 1.7g、砂糖
20.4g、油 2ml、色粉（紅、黑、黃）適量

🌿 麵團 🌿

白色 240g，膚色 27g，黑色 2g、紅色 1g

🌿 工具 🌿

黏土（或翻糖）工具組、小剪刀（或牙
籤）、噴水瓶、10x10 饅頭紙、9 公分
花形切模、5 公分花形切模、擠花嘴或吸
管（直徑約 1 公分）、抹油刷、電子秤、
擀麵棍

🌿 做法 🌿

身體

取白色麵團 40g 共 2 個，分
別滾圓，麵團收口朝下並用
手拍扁。

用擀麵棍分別將拍扁的白
色麵團擀成直徑 9 公分的
圓形面皮（只要大於 9 公分
花形切模即可），放在饅頭
紙上備用。

將 9 公分花形切模分別放在
兩張麵皮上，用力壓下切出
花邊。

下層麵皮上方 1/3 噴水。

下層麵皮下方 2/3 處抹油。

將 2 層麵皮疊放，並用花嘴（或吸管）在麵皮上壓出圍繞成一圈的小圈圈。

取膚色麵團 1g 共 2 個，分別捏圓。

分別捏成長度約 1 公分的水滴狀，並沾水貼上身體。

用工具壓出摺痕。

取膚色麵團 7g，捏圓。

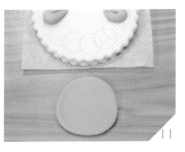

用擀麵棍擀成直徑約 5 公分的圓形，形成臉部。

沾水將臉部貼在雙耳之間。

將剩下的白色麵團擀成直徑約 5 公分的圓形（只要大於 5 公分花形切模即可）。

將 5 公分花形切模放在麵皮上，用力壓下切出花邊，形成頭髮。

沾水將頭髮貼上。

用花嘴（或吸管）在麵皮上壓出環狀紋路。

取黑色麵團 1g 搓成細線，沾水貼上臉部並調整弧度，完成嘴巴。

取紅色麵團 1g（約米粒大小）捏圓，沾水在嘴巴上方，完成鼻子。

取黑色麵團（約綠豆大小）2 個，分別捏圓，沾水後貼上，待發酵完成後，即可進行蒸製。

 | 刈包是兩張麵皮相疊，中間可以打開夾料，製作的時候可選表面比較漂亮的麵皮疊放在上層，如果兩張麵皮一樣漂亮，就選擇面積較大的放在上層。

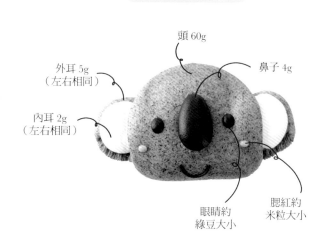

單顆饅頭說明圖

頭 60g

外耳 5g
（左右相同）

鼻子 4g

內耳 2g
（左右相同）

眼睛約
綠豆大小

腮紅約
米粒大小

份量：3 個

🌿 麵團材料 🌿

中筋麵粉 150g、牛奶 90g、酵母 1.5g、砂糖
18g、油 1g、色粉（芝麻粉、黑、紅）適量

🌿 麵團 🌿

灰色（芝麻粉調製）210g、白色 12g、黑色 15g、
粉紅色 1g

🌿 工具 🌿

黏土（或翻糖）工具組、小剪刀（或牙
籤）、噴水瓶、12x14 饅頭紙、圓形切
模（或碗）、擀麵棍、電子秤、抹油刷

🌿 做法 🌿

頭部

1

取灰色麵團 60g，滾圓，收
口朝下。

搓長至 10 公分。

3

將麵團橫擺，擀麵棍拿同
樣方向上下擀平，擀成長
約 12 公分、寬約 8 公分的
橢圓形。

將橢圓形麵皮對折，中間夾一張饅頭紙。

用圓形切模（或碗）切掉刈包下方兩側直角，使其呈圓弧狀。

取灰色麵團 5g 共 2 個，分別捏圓。

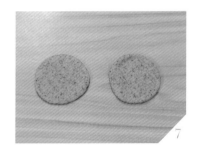

用擀麵棍將 2 個灰色麵團，擀平成直徑 5 公分的圓形。

取白色麵團 2g 共 2 個，分別捏圓。

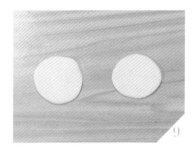

用擀麵棍將 2 個白色麵團，擀平成直徑 3 公分的圓形。

分別將白色圓形沾水將貼在灰色圓形上。

貼在上層刈包的下方兩側

刈包打開，拿掉中間的饅頭紙，並在中間抹油。

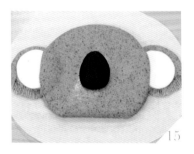

刈包闔上，用工具切耳朵下方，製造毛茸茸的感覺，完成耳朵。

取黑色麵團 4g，捏圓。

搓成橢圓形，按壓扁平成為鼻子的形狀，並沾水貼在臉部上。

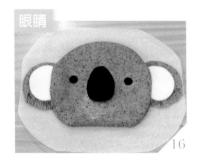

取黑色麵團（約綠豆大小）共 2 個，搓圓，稍微按壓扁平，沾水貼上，完成眼睛。

取黑色麵團 1g，搓成細線，沾水貼上嘴部線條並調整弧度。

取粉紅色麵團（約米粒大）共 2 個，分別搓成橢圓形後沾水貼上臉部，待發酵完成後，即可進行蒸製。

完成圖

胖嘟嘟
海象

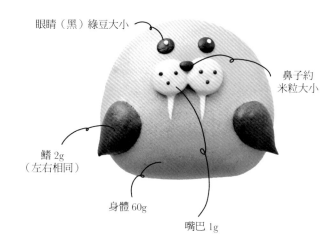

眼睛（黑）綠豆大小

鼻子約
米粒大小

鰭 2g
（左右相同）

身體 60g

嘴巴 1g

份量：3 個

🌾 麵團材料 🌾

中筋麵粉 130g、牛奶 78g、酵母 1.3g、砂糖
15.6g、油 1g、色粉（咖啡、黃、紅、黑）適量

🌾 麵團 🌾

淺棕色 180g、深棕色 12g、膚色 6g、白色
3g、黑色 3g

🌾 工具 🌾

黏土（或翻糖）工具組、小剪刀（或牙
籤）、噴水瓶、10x10 饅頭紙、圓形切模、
抹油刷、電子秤、擀麵棍

🌾 做法 🌾

身體

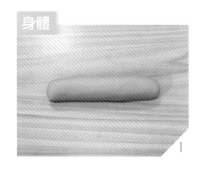

1

將棕色麵團 60g 滾圓，收口
朝下，並搓成長度約 10 公
分的條狀，粗細需均勻。

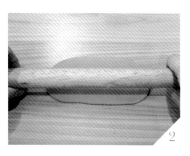

2

將麵團橫放，擀麵棍以同樣
方向擀平，擀成長約 12 公
分、寬 8 公分的橢圓形麵皮。

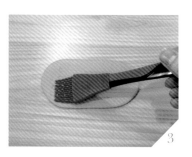

3

選擇較漂亮的一面朝下，醜
的朝上抹油。

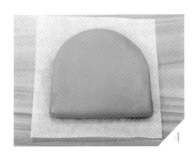

將麵皮對折，抹油面朝內。

用圓形切模（或碗）切掉刈包下方兩側直角，使其呈圓弧狀。

取深棕色麵團 2g 共 2 個，捏圓。

分別搓成水滴狀。

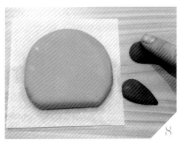

用手將 2 個深棕色水滴稍微按壓成扁平狀。

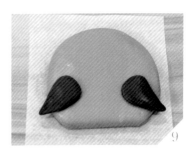

沾水將 2 個深棕色麵團貼在身體兩側，完成鰭。

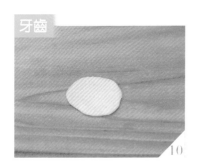

取白色麵團 1g，用擀麵棍擀平。

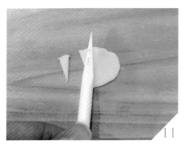

用工具切出 2 個細長的三角形，作為牙齒。

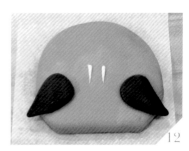

沾水將牙齒貼上。

嘴巴

取膚色麵團 1g 共 2 個，捏圓後沾水貼在牙齒上方，完成嘴巴。

鼻子

取黑色麵團（約米粒大小），沾水貼在嘴巴中間上方，完成鼻子。

眼睛

取黑色麵團 2 個（約綠豆大小）搓圓，沾水貼上。

再取小白點麵團 2 個（約芝麻大小），沾水貼在黑色麵團上，完成眼睛。

鬍鬚

取小黑點麵團（約芝麻大小）6 個，沾水貼上，待發酵完成後，即可進行蒸製。

完成圖

Chapter

6

最健康的甜甜圈與棒棒糖

10 個孩子中，有 9 個愛吃甜點，
但甜點高糖、高油又高熱量，
總是令人擔憂影響健康，
不如，一起來做最健康的饅頭甜點，
既可愛又健康！

單顆饅頭說明圖

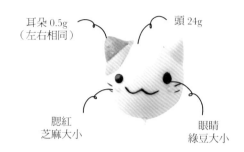

耳朵 0.5g
（左右相同）

頭 24g

腮紅
芝麻大小

眼睛
綠豆大小

份量：3 個

麵團材料

中筋麵粉60g、牛奶36g、酵母0.6g、砂糖7.2g、
油1g、色粉（黑、紅）適量

麵團

淺灰色 75g，深灰色 6g，粉紅色 1g，黑色 1g

工具

黏土（或翻糖）工具組、小剪刀（或牙
籤）、噴水瓶、10x10 饅頭紙、電子秤、
棒棒糖紙棍

做法

頭部

取淺灰色麵團 24g，滾圓，
麵團收口朝下。

放在饅頭紙上備用。

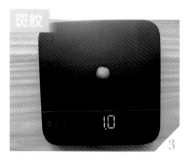

斑紋

取深灰色麵團 1g，捏圓。

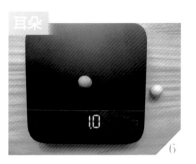

用手壓扁。

沾水貼上頭部。

取淺灰色麵團 1g 和深灰色麵團 1g，分別捏圓。

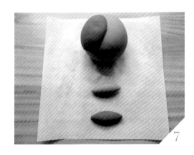

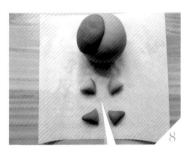

再分別搓成紡錘狀。

用工具將 2 個紡錘都切半，形成 4 個三角錐。

2 色三角錐各取 1 個，沾水貼在頭部上方。

用圓頭工具將交接處沿邊壓實，完成耳朵。

將黑色麵團尾端搓成細線。

取適當長度後，沾水貼上頭部，並調整弧度。

取黑色麵團（約綠豆大小）2個，分別搓圓。

沾水貼上頭部，完成眼睛。

取粉紅色麵團（約芝麻大小）2個，分別搓圓。

沾水貼在眼睛下方，待發酵完成後，即可進行蒸製。

蒸好後，取些許麵粉倒入滾水中，攪拌成黏稠的糊狀。（麵粉：滾水＝ 1：1）

以棒棒糖紙棍沾少許麵糊後，插入蒸好的饅頭下方，完成。

棒棒糖紙棍

可於烘焙用品店購買 15cm 的尺寸。

小熊
棒棒糖

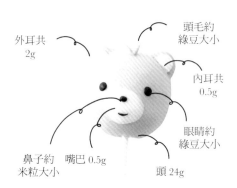

外耳共
2g

頭毛約
綠豆大小

內耳共
0.5g

眼睛約
綠豆大小

鼻子約
米粒大小　嘴巴 0.5g

頭 24g

麵團材料

中筋麵粉 60g、牛奶 36g、酵母 0.6g、砂糖 7.2g、
油 1g、色粉（紫、黑）適量

麵團

紫色 78g，白色 3g，黑色 1g

工具

黏土（或翻糖）工具組、小剪刀（或牙
籤）、噴水瓶、10x10 饅頭紙、電子秤、
棒棒糖紙棍

做法

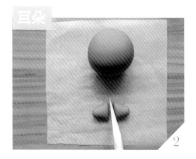

取紫色麵團 24g，滾圓，麵團
收口朝下，放饅頭紙上備用。

取紫色麵團 2g，捏圓後搓
成橢圓形，以工具切半。

沾水貼在頭部上方，並用圓
頭工具在接觸面沿邊壓實，
完成耳朵。

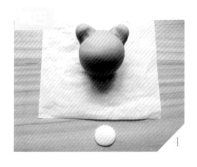

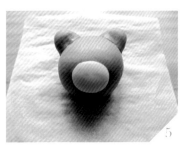

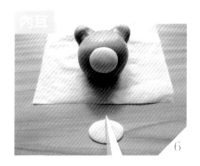

取白色麵團 0.5g，用手壓扁成 1 個圓形。

沾水貼上頭部，完成嘴巴。

取白色麵團 0.5g，搓成橢圓形，用手壓扁，並用工具切成兩半。

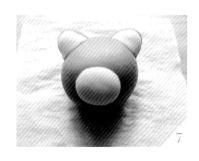

沾水貼在步驟 3 完成的紫色耳朵上方，完成內耳。

取黑色麵團（約米粒大小），搓成橢圓，沾水貼在嘴巴上，完成鼻子。

取黑色麵團（約綠豆大小），搓圓，沾水貼在頭部，完成眼睛。

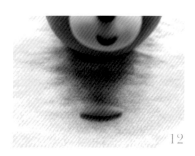

取黑色麵團，尾端搓成細線，擷取適當長度，沾水貼在鼻子下方，並調整弧度。

取紫色麵團（約綠豆大小），搓圓。

再搓成紡錘狀。

沾水將紫色麵團貼在頭頂。

用工具按壓中間點，讓兩端翹起，完成頭毛，待發酵完成後，即可進行蒸製。

插入紙棍

蒸好後，取些許麵粉倒入滾水中，攪拌成黏稠的糊狀。
（麵粉：滾水＝1：1）

以棒棒糖紙棍沾少許麵糊後，插入蒸好的饅頭下方，完成。

完成圖

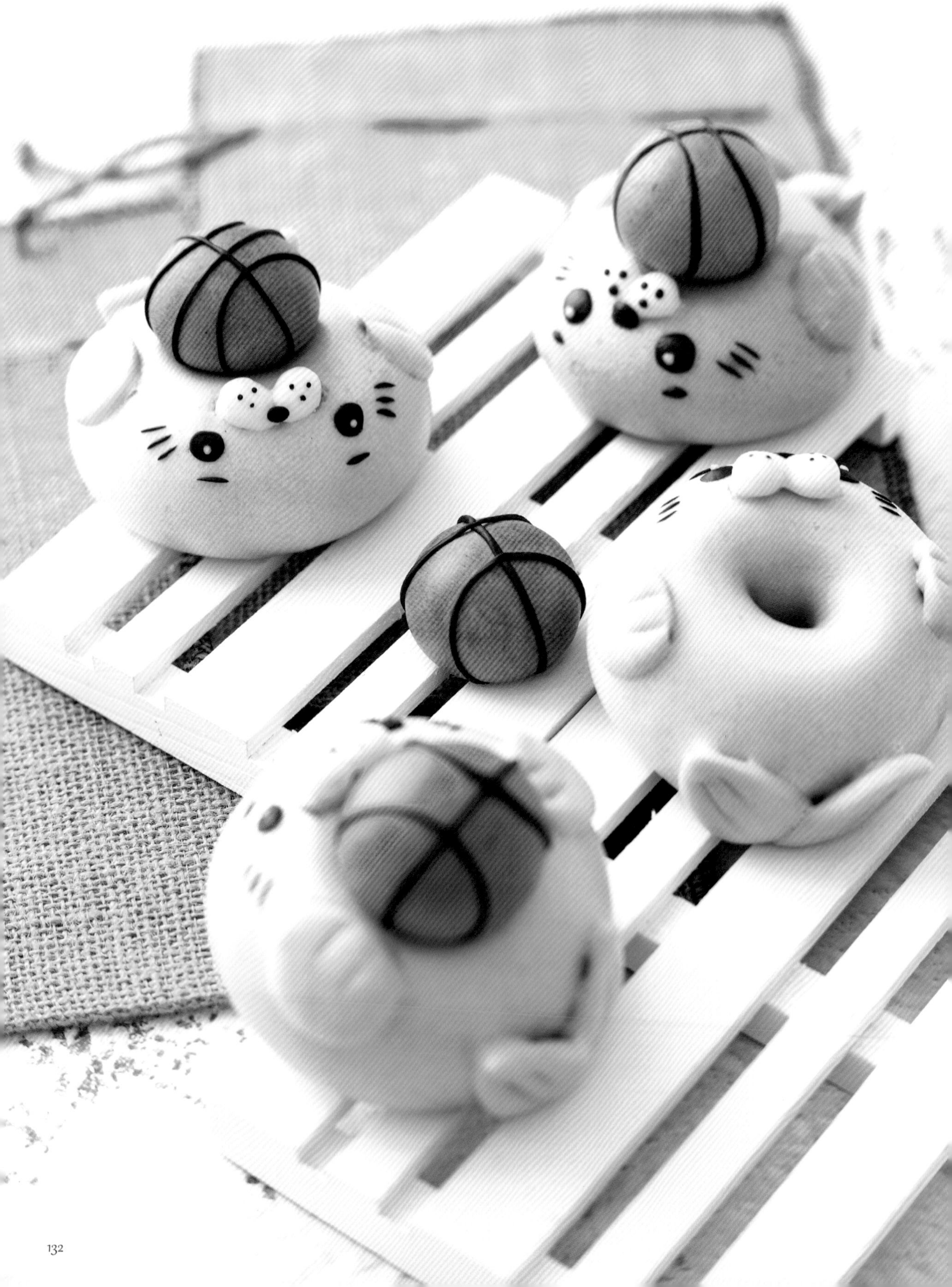

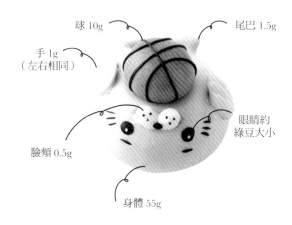

球 10g
尾巴 1.5g

手 1g
（左右相同）

眼睛約
綠豆大小

臉頰 0.5g

身體 55g

小海豹
玩球

麵團材料

中筋麵粉 140g、牛奶 84g、酵母 1.4g、砂糖 16.8g、油 1g、色粉（藍、紅、黑）適量

麵團

藍色 180g、白色 3g、黑色 3g、紅色 30g

工具

黏土（或翻糖）工具組、小剪刀（或牙籤）、噴水瓶、10x10 饅頭紙、2 公分圓形切模（或瓶蓋）、電子秤

做法

身體

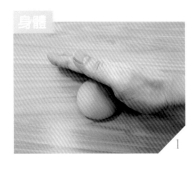

取藍色麵團 55g，滾圓，再用手輕輕按壓，壓成直徑約 6 公分的圓形。

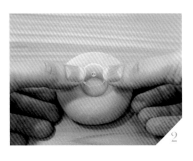

取 2 公分的圓形切模或瓶蓋在正中央用力壓下。

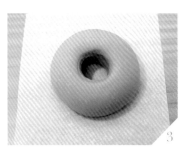

完成甜甜圈形狀，放在饅頭紙上備用。

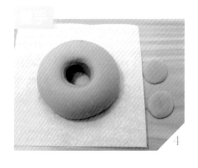

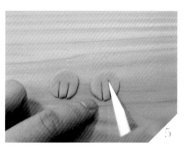

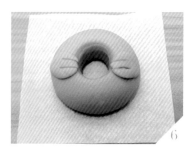

取藍色麵團 1g 共 2 個，分別捏圓並壓扁。

用工具在 2 個扁平的藍色圓形上各壓出 2 道紋路。

沾水貼在身體兩側。

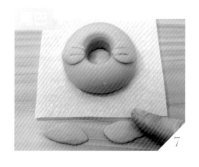

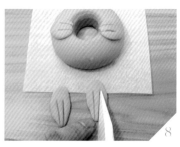

取藍色麵團 1.5g 共 2 個，分別捏圓之後再搓成紡錘狀，長度約 2 公分，用手壓扁。

用工具各壓出 2 道紋路。

沾水貼在身體下方，尾端交疊，完成尾巴。

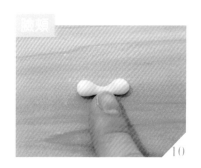

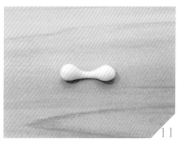

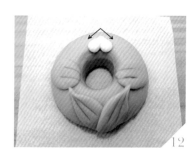

取白色麵團 0.5g，捏圓，用手指搓揉圓麵團中間。

搓成骨頭形狀，中間細，兩端胖。

沾水貼在身體上方，並稍微往下折。

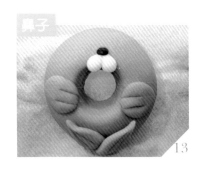

取黑色麵團（約米粒大小），搓圓，沾水貼在步驟12的臉頰上方，完成鼻子。

取黑色麵團（約綠豆大小）共2個，捏圓後壓扁，沾水貼在鼻子上方兩側，完成眼睛。

取黑色麵團（約芝麻大小）共6個，分別搓圓後，沾水貼在臉頰的白色部位。

取黑色麵團（約芝麻大小）共6個，分別搓成細線，沾水貼在鼻子兩側，完成鬍鬚。

取白色麵團（約芝麻大小）共2個，沾水貼在步驟16的眼睛上，完成眼珠。

取黑色麵團（約芝麻大小）共2個，搓成長條狀，貼在眼睛上方，完成眉毛。

取紅色麵團10g，捏圓，放在饅頭紙上備用。

取黑色麵團並將尾端搓成細線。

擷取適當長度的細線，在紅色麵團上貼出線條，待發酵完成後，即可進行蒸製。

 Tips　海豹和球需分別放在兩張饅頭紙上，蒸熟後才可以堆疊（也可分開放），像一組玩具，可自由組合。

嗡嗡小蜜蜂

單顆饅頭說明圖

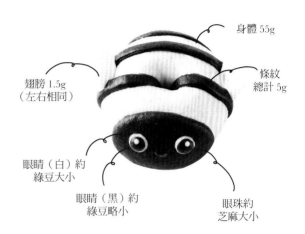

身體 55g

條紋總計 5g

翅膀 1.5g（左右相同）

眼睛（白）約綠豆大小

眼睛（黑）約綠豆略小

眼珠約芝麻大小

份量：3 個

麵團材料

中筋麵粉 130g、牛奶 78g、酵母 1.3g、砂糖 15.6g、油 1g、色粉（黃、黑、紅）適量

麵團

黃色 165g、黑色 27g、白色 12g、紅色 1g

工具

黏土（或翻糖）工具組、小剪刀（或牙籤）、噴水瓶、10x10 饅頭紙、2 公分圓形切模（或瓶蓋）、電子秤、擀麵棍

做法

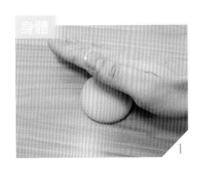

身體

取黃色麵團 55g，滾圓，再用手輕輕按壓，壓成直徑約 6 公分的圓形。

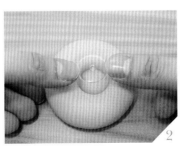

取 2 公分的圓形切模或瓶蓋在正中央用力壓下，切出圓洞，完成甜甜圈形狀。

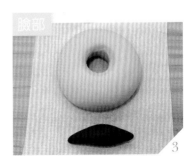

臉部

取黑色麵團 4g，捏圓後，再搓成紡錘狀。

將紡錘狀麵團橫放，以擀麵棍朝同樣方向擀成1張橢圓形麵皮。

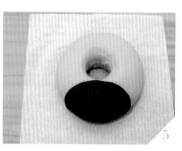

在身體下方噴薄水，貼上橢圓形麵皮，多餘的部分往下收完成臉部。

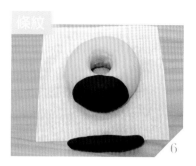

取黑色麵團 5g，並搓成長條狀，長度約 6 公分。

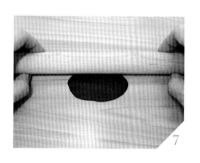

將麵團橫放，以擀麵棍朝同樣方向擀成1張橢圓形麵皮。

用切麵板切出 4 條長條，每條寬度約 1 公分。

沾薄水，將長條麵團貼上身體，完成條紋。

取白色麵團 1.5g 共 2 個，捏成橢圓後，再用手壓扁。

貼在身體兩側，完成翅膀。

取紅色麵團（約芝麻大小）並搓成細線。

沾水貼在臉部上，調整弧度，完成嘴巴。

取白色麵團（約綠豆大小）共 2 個，搓圓後再壓扁。

沾水貼在臉上。

取黑色麵團（比綠豆略小）共 2 個，搓圓後再壓扁。

沾水貼在步驟 15 的白色麵團上。

取白色麵團（約芝麻大小）共 2 個，搓圓後貼在步驟 17 的黑色麵團上，待發酵完成後，即可進行蒸製。

完成圖

母雞
帶小雞

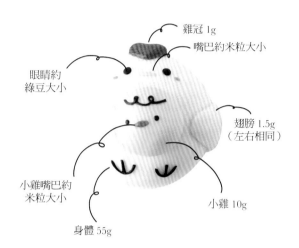

雞冠 1g

嘴巴約米粒大小

眼睛約
綠豆大小

翅膀 1.5g
（左右相同）

小雞嘴巴約
米粒大小

小雞 10g

身體 55g

份量：3 個

麵團材料

中筋麵粉 140g、牛奶 84g、酵母 1.4g、砂糖
16.8g、油 1g、色粉（黃、黑、紅）適量

麵團

白色 174g、黃色 31g、黑色 3g、橘色 1g、紅
色 3g、粉紅色 1g

工具

黏土（或翻糖）工具組、小剪刀（或牙
籤）、噴水瓶、10x10 饅頭紙、2 公分
圓形切模（或瓶蓋）、電子秤

做法

身體

1

取白色麵團 55g，滾圓，再
用手輕輕按壓，壓成直徑約
6 公分的圓形。

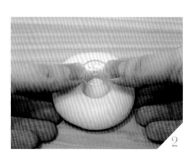

2

取 2 公分的圓形切模或瓶蓋
在正中央用力壓下，切出圓
洞，完成甜甜圈形狀。

翅膀

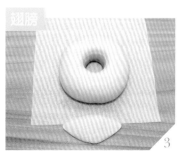

3

取白色麵團 3g，捏圓後，
搓成紡錘狀並壓扁。

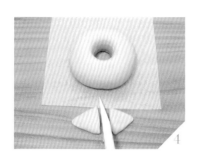

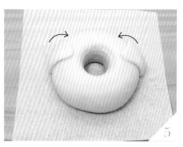

用工具切成兩半。

貼在身體兩側，完成翅膀。

取紅色麵團 1g，並搓成水滴狀。

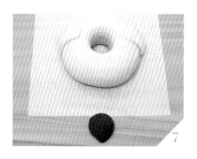

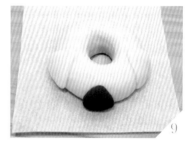

用手壓扁，成為 1 個扇形。

用工具從扇形的圓弧中間點往內擠壓，形成 1 個愛心。

沾水貼上身體，完成雞冠。

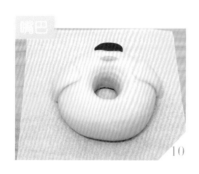

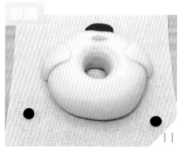

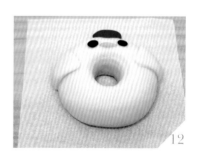

取黃色麵團（約米粒大小），搓成紡錘狀，貼在雞冠下方，完成嘴巴。

取黑色麵團（約綠豆大小）共 2 個，搓圓後用手壓扁。

貼在嘴巴上方兩側。

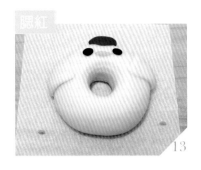

取粉紅色麵團（約芝麻大小）2 個，搓成橢圓形。

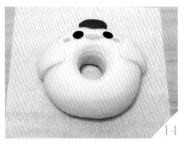

貼在眼睛外側，完成腮紅。

將黑色麵團尾端搓成細線。

取適當長度，在身體下方貼出 W 狀的細線。

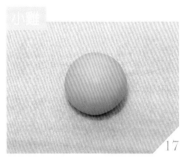

取黃色麵團 10g，捏圓後，放饅頭紙上備用。

取橘色麵團（約米粒大小），沾水貼上黃色麵團。

取黑色麵團（約米粒大小）共 2 個，搓圓後沾水貼在嘴巴上方兩側，完成眼睛。

將黑色麵團搓成細線，在眼睛上方貼出捲曲線條，待發酵完成後，即可進行蒸製。

 Tips ｜ 母雞和小雞需分別放在兩張饅頭紙上，蒸熟後才可以堆疊（也可分開放），像一組玩具，可自由組合。

水裡的

青蛙

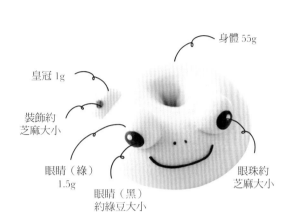

身體 55g

皇冠 1g

裝飾約
芝麻大小

眼睛（綠）
1.5g

眼睛（黑）
約綠豆大小

眼珠約
芝麻大小

份量：3 個

麵團材料

中筋麵粉 120g、牛奶 72g、酵母 1.2g、砂糖
14.4g、油 1g、色粉（綠、黃、紅、黑）適量

麵團

綠色 174g、黃色 3g、黑色 2g、紅色 1g

工具

黏土（或翻糖）工具組、小剪刀（或牙
籤）、噴水瓶、10x10 饅頭紙、2 公分
圓形切模（或瓶蓋）、電子秤

做法

身體

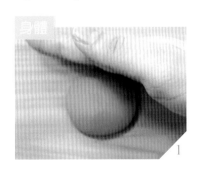

1

取綠色麵團 55g，滾圓，再用
手輕輕按壓，壓成直徑約 6
公分的圓形。

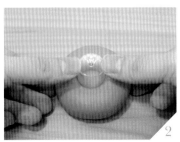

2

取 2 公分的圓形切模或瓶蓋
在正中央用力壓下。

3

完成甜甜圈形狀，放在饅頭
紙上備用。

取綠色麵團 1.5g 共 2 個，
分別捏圓。

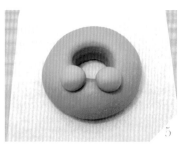

沾水後黏在靠近甜甜圈中
心的內側。

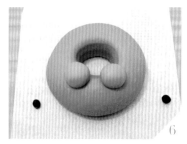

取黑色麵團（約綠豆大小）
共 2 個，分別搓圓。

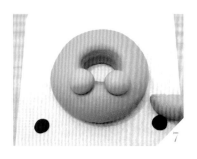

用手壓扁。

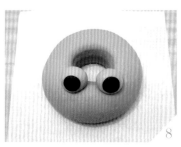

沾水貼在步驟 5 的綠色麵團
上，完成眼睛。

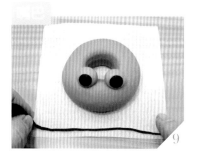

取黑色麵團，並將尾端搓成
細線。

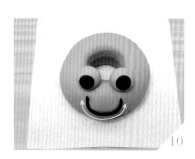

取適當長度，沾水黏在眼睛
下方並調整弧度。

取黑色麵團（約芝麻大小）
共 2 個，分別搓成橢圓形
後，黏在嘴巴上方。

取白色麵團（約芝麻大小）
共 2 個，沾水貼在步驟 8 的
黑色麵團上，完成眼珠。

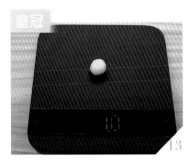

取黃色麵團 1g，捏圓。

用手壓扁。

用工具切出皇冠的形狀。

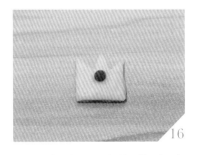

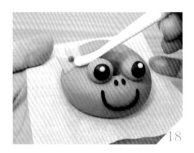

取紅色麵團（約芝麻大小），搓圓後沾水貼在皇冠中心點。

在皇冠背後沾上薄水，貼在青蛙臉部左上方。

用圓頭工具將接觸面沿邊壓實，待發酵完成後，即可進行蒸製。

葉上的 瓢蟲

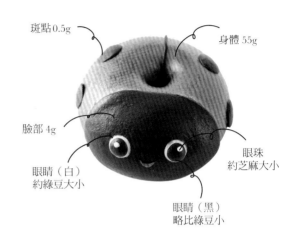

斑點 0.5g

身體 55g

臉部 4g

眼珠 約芝麻大小

眼睛（白）約綠豆大小

眼睛（黑）略比綠豆小

份量：3 個

▽ 麵團材料 ▽

中筋麵粉 130g、牛奶 78g、酵母 1.3g、砂糖 15.6g、油 1g、色粉（紅、黑）適量

▽ 麵團 ▽

紅色 166g、黑色 25g、白色 2g

▽ 工具 ▽

黏土（或翻糖）工具組、小剪刀（或牙籤）、噴水瓶、10x10 饅頭紙、電子秤、擀麵棍

▽ 做法 ▽

取紅色麵團 55g，滾圓，再用手輕輕按壓，壓成直徑約 6 公分的圓形。

取 2 公分的圓形切模或瓶蓋在正中央用力壓下，切出圓洞，完成甜甜圈形狀。

取黑色麵團 4g，捏圓並搓成紡錘狀。

將紡錘狀麵團橫放，以擀麵棍朝同樣方向擀成 1 張橢圓形麵皮。

在身體下方噴薄水，貼上橢圓形麵皮，多餘部分往下收完成臉部。

將黑色麵團尾端搓成細線。

取適當長度，沾水貼在與臉部相對的位子，將身體分成劃分成 2 個部分。

取黑色麵團 0.5g 共 6 個，分別搓圓。

用手分別壓扁。

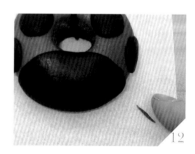

沾水貼上身體，一邊貼 3 個，完成瓢蟲斑點。

取紅色麵團（約芝麻大小）。

用手搓成細線。

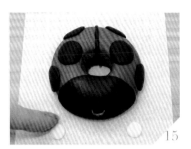

沾水貼在臉部上，調整弧度，完成嘴巴。

取白色麵團（約綠豆大小）2 個，搓圓。

用手壓扁。

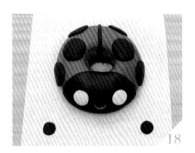

沾水貼在嘴巴兩側。

取黑色麵團（比綠豆略小）2 個，搓圓。

用手壓扁。

沾水貼在步驟 17 的白色圓形上。

取白色麵團（約芝麻大小）2 個，搓圓後貼在黑色圓形上，待發酵完成後，即可進行蒸製。

Chapter

7

一生一次的收涎時刻

收涎餅乾甜膩有色素，
吃了容易造成身體負擔。
現在你有更棒的選擇，
一起親自為孩子動手，
做出健康又好吃的收涎饅頭吧！

充滿
愛的心

份量：3 個

🌿 麵團材料 🌿

中筋麵粉 60g、牛奶 36g、酵母 0.6g、砂糖 7.2g、油 0.6g、色粉（藍、紅、黑）適量

🌿 麵團 🌿

藍色 90g、黃色 5g、紅色 2g

🌿 工具 🌿

黏土（或翻糖）工具組、小剪刀（或牙籤）、噴水瓶、10x10 饅頭紙、愛心模型、吸管、電子秤、擀麵棍

🌿 做法 🌿

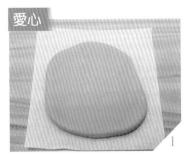

愛心

取藍色麵團 30g，捏圓後用擀麵棍擀平，面積稍微超過模型即可，厚度約 0.2 ～ 0.3 公分，勿過大，避免麵團太薄。

將愛心模型放在麵團上用力壓下，切出愛心形狀。

文字

將黃色麵團尾端搓成細線，取適當長度於愛心上方貼上喜愛的文字。

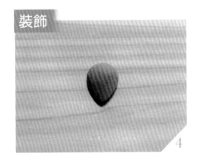

裝飾

取紅色麵團（約黃豆大小），搓成水滴後再壓扁，變成扇形。

用工具自圓弧處向內推，推成愛心形狀，並貼在藍色愛心上。

用吸管在上方壓出兩個孔洞，待發酵完成後，即可進行蒸製。

暖呼呼 手套

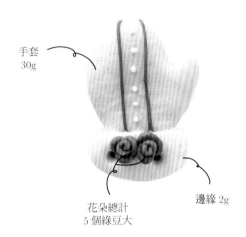

手套
30g

花朵總計
5 個綠豆大

邊緣 2g

份量：3 個

🌿 麵團材料 🌿

中筋麵粉 70g、牛奶 42g、酵母 0.7g、砂糖 8.4g、
油 0.7g、色粉（藍、紅、黑）適量

🌿 麵團 🌿

藍色 90g、深藍色 3g、粉紅色 5g、白色 8g

🌿 工具 🌿

黏土（或翻糖）工具組、小剪刀（或牙
籤）、噴水瓶、10x10 饅頭紙、手套模型、
吸管、電子秤、擀麵棍

🌿 做法 🌿

手套

取藍色麵團 30g，滾圓。

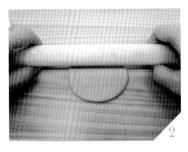

用擀麵棍擀平，面積超過
手套模型的大小即可，麵團
厚度約 0.2 ～ 0.3 公分，勿
過大避免麵團太薄。

放在饅頭紙上，以手套形狀
模型用力壓下。

  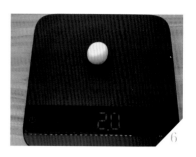

取深藍色麵團 1g，並搓成
細線。

用工具裁成一半後，分別貼
上手套進行裝飾。

取白色麵團 2g，捏圓。

將白色麵團搓成長條，長度
與手套底部相同即可。

用手壓扁。

沾水貼在手套下方。

 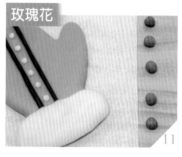 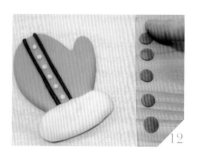

取白色麵團（約芝麻大小）
共 6 個，搓圓後沾水貼在深
藍線條中間。

取粉紅色麵團（約綠豆大小）
共 5 個，分別搓圓。

用手壓扁。

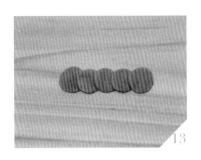

13

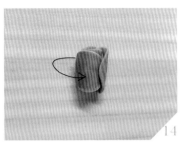

14

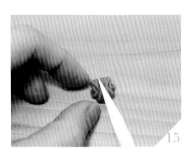

15

將 5 個圓形排成一列,每個圓形相互重疊約 1/3 個圓。

將重疊的粉紅色麵團從一端捲起。

用工具將捲起的粉紅色麵團從中間切半。

16

17

18

完成 2 朵玫瑰花。

沾水貼到手套上方裝飾。

用吸管在手套上按出 2 個孔洞,待發酵完成後,即可進行蒸製。

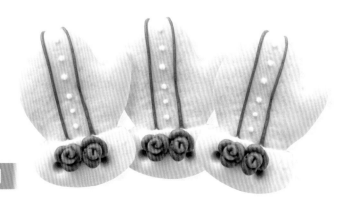

完成圖

可愛小奶瓶

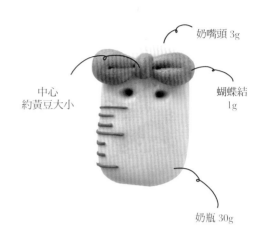

奶嘴頭 3g

中心
約黃豆大小

蝴蝶結
1g

奶瓶 30g

份量：3 個

麵團材料

中筋麵粉 70g、牛奶 42g、酵母 0.7g、砂糖 8.4g、
油 0.7、色粉（藍、紅）適量

麵團

藍色 90g、白色 9g、粉紅色 9g、深藍色 3g

工具

黏土（或翻糖）工具組、小剪刀（或牙
籤）、噴水瓶、10x10 饅頭紙、奶瓶模型、
吸管、切麵板、電子秤、擀麵棍

做法

奶瓶

取藍色麵團 30g，滾圓。

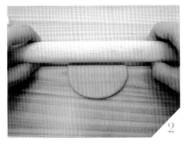

用擀麵棍擀平，面積只要
超過奶瓶模型的大小即可，
麵團厚度約 0.2～0.3 公分，
勿過大避免麵團太薄。

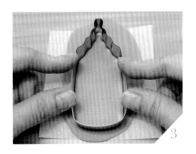

用奶瓶模型用力壓下，壓出
奶瓶外型。

取白色麵團 3g，捏圓。

用擀麵棍擀平，底部用切麵板切出直線，沾水貼在奶瓶頂端的奶嘴部位。

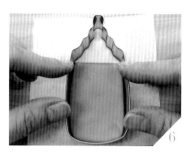

用奶瓶模型對準後再度壓下，裁去多餘麵皮。

取粉紅色麵團 1g 共 2 個，分別捏圓。

蝴蝶結

分別搓成水滴狀。

用手壓扁，形成扇形。

用工具於扇形的尖端壓出皺褶。

沾水將兩個水滴狀粉紅色麵團貼上奶瓶，尖端朝中間並稍微重疊。

取粉紅色麵團（約黃豆大小），搓圓。

再搓成長條狀。

沾水貼在步驟 11 的尖端交疊處。

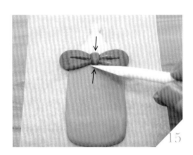

用工具將上下多餘的麵皮往下收，完成蝴蝶結。

刻度

取深藍色麵團，並將尾端搓成細線。

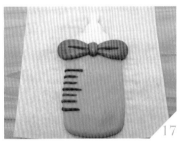

取適當長度，於奶瓶瓶身貼上刻度線條。

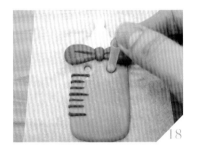

用吸管在奶瓶身上戳出 2 個孔洞，待發酵完成後，即可進行蒸製。

完成圖

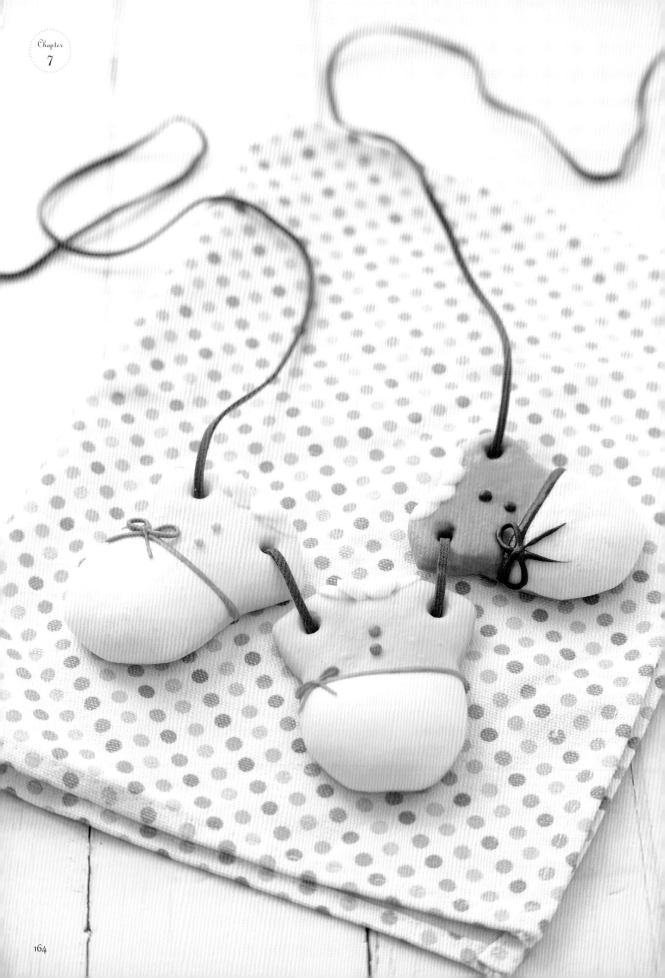

小巧嬰兒服

單顆饅頭說明圖

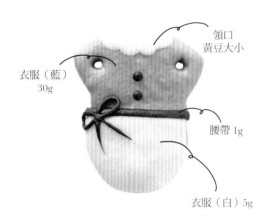

領口
黃豆大小

衣服（藍）
30g

腰帶 1g

衣服（白）5g

份量：3個

🌿 麵團材料 🌿

中筋麵粉70g、牛奶42g、酵母0.7g、砂糖8.4g、
油0.7g、藍色色粉適量

🌿 麵團 🌿

藍色90g、深藍色3g、白色15g

🌿 工具 🌿

黏土（或翻糖）工具組、小剪刀（或牙
籤）、噴水瓶、10x10饅頭紙、衣服模型、
吸管、電子秤、擀麵棍

🌿 做法 🌿

衣服

取藍色麵團30g，滾圓。

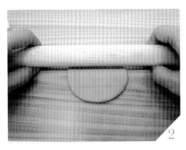

用擀麵棍擀平，面積只要
超過衣服模型的大小即可，
麵團厚度約0.2～0.3公分。

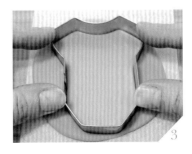

用衣服模型壓下。

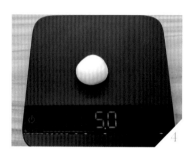

取白色麵團 5g，捏圓。

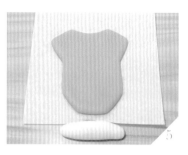

搓成長條狀。

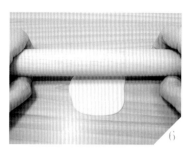

擀平。

用切麵板在擀平的白色麵皮上方切出 1 條直線。

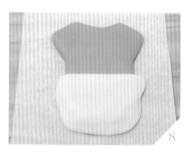

沾水後貼在步驟 3 完成的衣服下方，需蓋住一半。

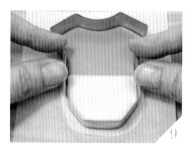

用衣服模型對準後再次壓下，裁去多餘麵皮。

領口

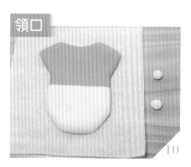

取白色麵團（約黃豆大小）共 2 個，搓圓。

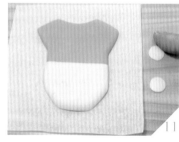

用手壓扁。

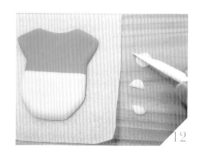

用工具分別切成兩半，獲得 4 個半圓。

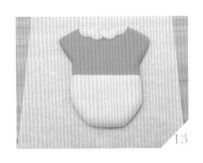

將 4 個半圓沾水貼在衣服的領口處，稍微交疊，完成領口裝飾。

腰帶

取深藍色麵團 1g 搓成細線。

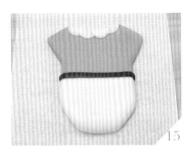

取適當長度，貼在衣服的藍白交接處。

鈕扣

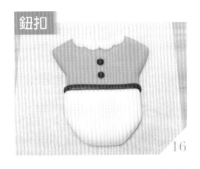

取深藍色麵團（約米粒大小）共 2 個，搓圓後貼上，完成鈕扣。

取深藍色麵團搓成細線。

蝴蝶結

將深藍色細線尾端繞出一個圈。

再繞一個圈，兩個圓圈相靠，形成蝴蝶結後裁下。

沾水貼在衣服上方。

用吸管在衣服上方戳出 2 個孔洞，待發酵完成後，即可進行蒸製。

造型圍兜兜

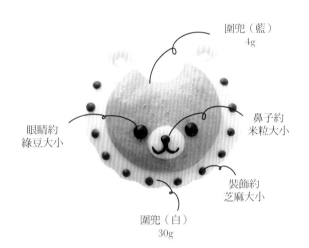

圍兜（藍）
4g

鼻子約
米粒大小

眼睛約
綠豆大小

裝飾約
芝麻大小

圍兜（白）
30g

份量：3個

❧ 麵團材料 ❧

中筋麵粉 70g、牛奶 42g、酵母 0.7g、砂糖 8.4g、
油 0.7g、色粉（藍、黑）適量

❧ 麵團 ❧

白色 90g、藍色 12g、深藍色 3g、黑色 3g

❧ 工具 ❧

黏土（或翻糖）工具組、小剪刀（或牙
籤）、噴水瓶、10x10 饅頭紙、圍兜造
型切模、吸管、電子秤、擀麵棍

❧ 做法 ❧

圍兜

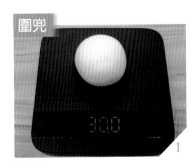

取白色麵團 30g，滾圓。

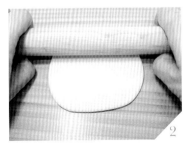

用擀麵棍擀平，面積只要
超過圍兜模型的大小即可，
麵團厚度約 0.2～0.3 公分，
勿過大避免麵團太薄。

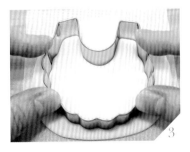

用圍兜模型用力壓下，壓出
圍兜外形。

取藍色麵團 4g，捏圓。

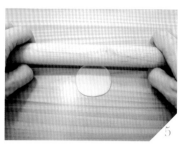

用擀麵棍擀成扁平的圓形，直徑約 3～4 公分。

沾水貼在步驟 3 完成的白色圍兜中間。

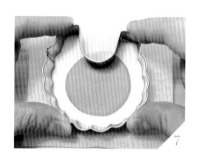

將圍兜模型對準後，再次壓下，裁去多餘麵皮。

臉部

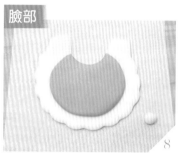

取白色麵團（約黃豆大小），搓圓。

再搓成橢圓形。

用手壓扁，沾水貼在藍色圓形上，完成臉部。

嘴巴

將黑色麵團尾端搓成細線，並取適當長度在臉部貼出嘴巴線條。

鼻子

取黑色麵團（約米粒大小），搓圓後沾水貼在嘴巴上方，完成鼻子。

眼睛

13

取黑色麵團（約綠豆大小）共 2 個，分別搓圓後貼在臉部上，完成眼睛。

裝飾

14

取深藍色麵團（約芝麻大小）共 12 個，搓圓後沾水平均貼在周圍，完成裝飾。

15

用吸管在做好的圍兜上戳出 2 個孔洞，待發酵完成後，即可進行蒸製。

完成圖

敞篷嬰兒車

單顆饅頭說明圖

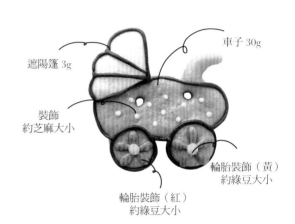

遮陽篷 3g

車子 30g

裝飾
約芝麻大小

輪胎裝飾（黃）
約綠豆大小

輪胎裝飾（紅）
約綠豆大小

份量：3 個

麵團材料

中筋麵粉 70g、牛奶 42g、酵母 0.7g、砂糖 8.4g、
油 0.7g、色粉（藍、紅、黃）適量

麵團

白色 9g、藍色 90g、深藍色 5g、粉紅色 8g、
黃色 2g

工具

黏土（或翻糖）工具組、小剪刀（或牙
籤）、噴水瓶、10x10 饅頭紙、嬰兒車
模型、吸管、切麵板、電子秤、擀麵棍

做法

嬰兒車

取藍色麵團 30g，滾圓。

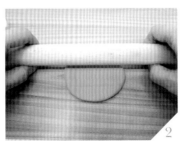

用擀麵棍擀平，面積只要
超過嬰兒車模型的大小即
可，麵團厚度約 0.2 ～ 0.3
公分。

用嬰兒車模型壓下，裁出嬰
兒車外型。

車輪

取紅色麵團（約綠豆大小）共 10 個，分別搓成水滴狀。

將 5 個紅色水滴麵團以尖端朝內的方式，分別沾水呈放射狀貼在車輪位置，共可完成 2 個車輪。

取黃色麵團（約綠豆大小）共 2 個，搓圓後分別沾水貼在 2 個車輪的中心點。

遮陽篷

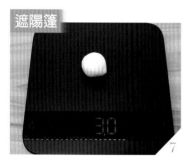

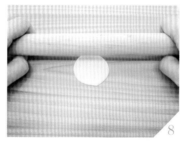

取白色麵團 3g，捏圓。

以擀麵棍擀平。

利用切麵板將白色圓形上方切出 1 條直線。

沾水後，將直線朝內，貼在嬰兒車左上方。

將嬰兒車模型對準後，再次壓下，裁去多餘麵皮。

取深藍色 3g，搓成細線。

裝飾

取適當長度後，沾水貼在嬰兒車的輪廓上（車子外型、輪胎），並將遮陽篷的線條勾勒出來。

取白色麵團（約芝麻大小）數個，搓圓後沾水，平均貼在車體上方裝飾。

用吸管戳出 2 個孔洞，待發酵完成後，即可進行蒸製。

Tips | 本書使用市售糖霜餅乾模型製作收涎饅頭，使用模型可快速裁切形狀，極為方便。若無模型亦可使用雕刻刀裁切出任何形狀，只要注意擀平的麵皮厚度不要低於 0.2 公分，以免麵皮太薄發不起來。

完成圖

Chapter

8

學會小裝飾
輕鬆變大師

學好了基本造型，
讓我們來學進階裝飾，
蝴蝶結、帽子、小花……
一起來幫造型饅頭們，
增添更可愛的小配飾吧！

花朵
任你變

🌿 **麵團材料** 🌿

中筋麵粉 5g、牛奶 3g、酵母 0.1g、砂糖
0.6g、色粉（黃）適量

🌿 **麵團** 🌿

黃色 2g

🌿 **工具** 🌿

黏土（或翻糖）工具組、小剪刀（或牙籤）、
噴水瓶、10x10 饅頭紙、電子秤、擀麵棍

五瓣花

🌿 **做法** 🌿

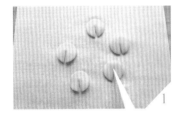

1

取黃色麵團 1g，分成 5 等
份，分別搓圓後再壓扁，
並用工具切半刀。

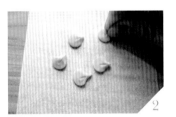

2

用手將切口處捏緊，完成
花瓣外型。

3

切口處朝內，以放射狀組
合成花朵，再取粉紅色麵
團（約綠豆大小），搓圓
後貼在中心點，待發酵完
成後，即可進行蒸製。

球狀花

🌿 **做法** 🌿

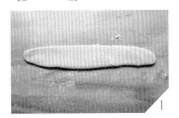

1

取黃色麵團 1g，搓成長
條狀，長度約 6 公分，擀
平後，用切麵板將其中一
條長邊切平。

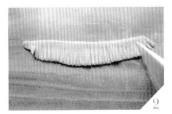

2

撒上麵粉後，以工具切出
流蘇狀。

3

用手將未切斷的長邊捲起，
待發酵完成後，即可進行
蒸製。

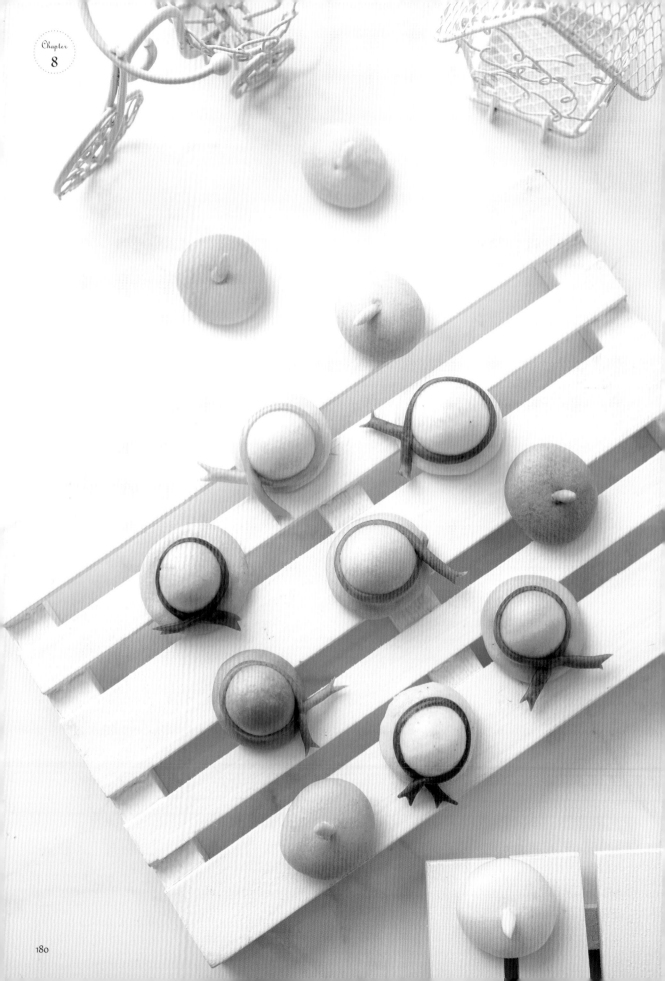

多色
小帽子

麵團材料

中筋麵粉 5g、牛奶 3g、酵母 0.1g、砂糖 0.6g、色粉（藍、黃、紅）適量

麵團

藍色 3g、黃色 4g、紅色 1g

工具

黏土（或翻糖）工具組、小剪刀（或牙籤）、噴水瓶、10x10 饅頭紙、電子秤

畫家帽

做法

取藍色麵團 2g，搓圓後壓扁。

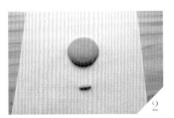

取藍色麵團（約米粒大小），搓長。

用工具把米粒大的藍色麵團刺入藍色圓形麵團中，待發酵完成後，即可進行蒸製。

淑女帽

做法

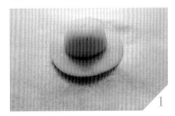

取黃色麵團 2g 共 2 個，1 個搓圓後壓扁，1 個搓成橢圓形後，切半黏到壓扁的圓形上。

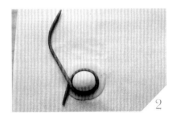

取紅色麵團 0.5g，搓成細線後圍繞步驟 1 的凸起橢圓形 1 圈，交叉點用工具按壓一下固定。

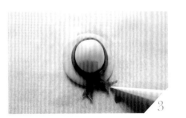

將多餘線段裁短後，尾端裁出小三角形，待發酵完成後，即可進行蒸製。

三種蝴蝶結

🌿 **麵團材料** 🌿

中筋麵粉 5g、牛奶 3g、酵母 0.1g、砂糖 0.6g、紅色色粉適量

🌿 **麵團** 🌿

紅色 8g

🌿 **工具** 🌿

黏土（或翻糖）工具組、小剪刀（或牙籤）、噴水瓶、10x10 饅頭紙、電子秤、擀麵棍、切麵板

水滴型

🌿 **做法** 🌿

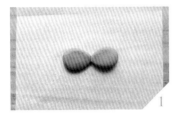

取紅色麵團 1g 共 2 個，分別搓成水滴狀後壓扁，沾水將尖端重疊組裝。

取紅色麵團（約黃豆大小），搓成橢圓形後，沾水貼在中心處，並將多餘部分往下收。

用工具壓出蝴蝶結皺褶，待發酵完成後，即可進行蒸製。

> Tips | 若將水滴型愛心的圓弧處用工具往內拉，就完成愛心型蝴蝶結。 → ←

百褶型

🌿 **做法** 🌿

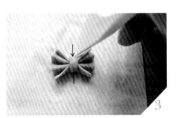

取紅色麵團 3g，搓長，長度約 4 公分，擀平，再以切麵板切成長 4 公分、寬 3 公分的麵皮。

正反面都沾上麵粉後，將麵皮摺成百摺狀，中間用手捏緊。

取紅色麵團（約黃豆大小），搓成橢圓形後貼在中心處，多餘部分往下收，待發酵完成後，即可進行蒸製。

三股辮圍巾

🌿 麵團材料 🌿

中筋麵粉 5g、牛奶 3g、酵母 0.1g、砂糖 0.6g、色粉（紅、藍）適量

🌿 麵團 🌿

藍色 2g、紅色 2g、白色 2g

🌿 工具 🌿

黏土（或翻糖）工具組、小剪刀（或牙籤）、噴水瓶、10x10 饅頭紙、電子秤

🌿 做法 🌿

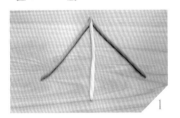

取藍色、紅色、白色麵團各 2g，分別搓成長度相同的長條狀後，將一端併攏捏緊。

以三股辮的方式進行圍巾編織。

結尾處收攏後，用工具切出流蘇狀，待發酵完成後，即可進行蒸製。

Tips

1. 如果想要做單色的小圍巾，則可以三條都用同一個顏色的麵團製作喔！
2. 另一種圍巾的作法可參考 P.99「戴帽子雪人」

完成圖

新手常見 10 大問題

❶饅頭發酵要多久時間？

發酵沒有絕對的標準時間，與發酵的速度最有關聯的是「環境溫度」，溫度越高發酵越快，溫度越低發酵越慢。同樣造型的饅頭，在冬天和夏天製作發酵速度絕對不一樣。冬天寒流來的時候，可能做完造型，饅頭仍然原封不動，一點都沒膨脹；夏天做饅頭，可能造型才進行到一半，饅頭就發酵完成，該進爐蒸了，最適宜的發酵判斷，可參照 P.20。

❷麵團可以一次打多一點，沒用完的冰冰箱嗎？

建議麵團要現打現用，放冰箱的麵團雖然可以延緩發酵速度，但麵團仍然持續進行發酵，再拿出來用時，會需要花更長的時間把麵團內的氣泡排乾淨再做造型。建議做多少饅頭打多少麵團，節省排氣泡的時間。

❸饅頭可以不加糖嗎？

可以，若想製作無糖饅頭，酵母就使用「低糖酵母」。

❹饅頭可以不加油嗎？

加油的目的是延緩麵團的老化及增加麵團的延展度，但即使完全不加油也是可以做出成功的饅頭。

❺為什麼我做的饅頭皮膚皺皺的？

做饅頭是一個環環相扣的連續過程，每一個環節都要精準掌握，成品才會漂亮。如果成品有問題，必須仔細檢視哪一個製作過程是否出了問題，例如整形時麵團沒有光滑、發酵不足或發酵過頭、蒸的時候滴到水、出爐太快掀蓋…都會導致饅頭不完美，需要經驗累積來判斷出錯的原因。

❻饅頭放涼為什麼會變硬？

本書配方無任何添加物，饅頭冷卻後變硬是正常的喔！建議大家饅頭出爐放涼後即密封保存，即使沒有冰過的饅頭，要吃之前也要再蒸熱一下，溫熱的饅頭鬆軟又Q彈是最佳的口感。

❼饅頭為什麼會黏牙？

發酵過頭或是蒸的時候火力不足時，就容易造成饅頭黏牙。

❽一次做 10 顆造型饅頭，會不會有的饅頭已經發酵好了，有些還沒呢？

如果製作速度較慢，第一顆製作的饅頭與最後一顆完成時間落差太大，可能先做的會先發酵完成。此時可以分批蒸饅頭，已經發酵好的先蒸，避免過發導致前功盡棄。

❾做好的饅頭一定要馬上蒸嗎？不能冰冰箱嗎？

正確來說是「發酵好」的饅頭一定要馬上蒸，繼續放下去就會發酵過度，導致成品皺皮、氣孔粗大或是出現酸味（酒精味）。此外發酵中的饅頭表皮敏感脆弱，如不小心觸碰就會導致成品受傷影響外觀，只有蒸熟的饅頭才真正定型。

❿夏天做饅頭有沒有方法延緩發酵速度？

在台灣夏天做饅頭一定要開冷氣，除此之外能冰的材料都先冰過，例如麵粉、攪拌缸都可以冰過再使用，也可以嘗試減少酵母的用量，由 1%減至 0.7%。

KitchenAid

全球銷售第一
小家電攪拌機品牌

5QT (4.8公升) 抬頭式攪拌機

√ 多達8種配件一機多用　√ 全機金屬打造
√ 繽紛12色粉妝廚房　√ 搪瓷配件好清洗

59點行星式攪拌模式
攪拌頭每轉一圈會和攪拌盆產生59個接觸點，均勻混合食材。

10段轉速
可用於多種固體或液體食材的攪拌、揉捏及打發。

可擴充式配件接口
8種以上的擴裝配件，可從附件接口輕鬆組裝，製作各式各樣的料理。

抬頭式設計
讓攪拌盆或其他配件裝卸時更加容易，卡榫可依攪拌量輕鬆調整高度。

穩重機身
全機壓鑄鋅製造，機身重達10.8公斤，確保在高速攪拌時能不動如山。

主機 5 年保固

加入粉絲團！

台灣總代理 TEST RITE 特力集團

KitchenAidTWN

客服專線 0800 365 588

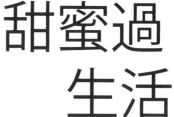

甜蜜過生活

Zenker烘焙用具激發您的廚藝!

有了Zenker, 親手做出美味的糕點、
麵包與鬆餅不是夢!

全省各大實體(量販/超市)及網路通路
(Yahoo/PC Home/Momo…等)皆有販售

GERMAN BRAND

FOOD SAFE